电网企业抢险救灾

工作手册

深圳供电局有限公司　组编

中国电力出版社
CHINA ELECTRIC POWER PRESS

图书在版编目（CIP）数据

电网企业抢险救灾工作手册／深圳供电局有限公司组编．—北京：中国电力出版社，2020.6
ISBN 978-7-5198-4430-1

Ⅰ．①电…　Ⅱ．①深…　Ⅲ．①电力工业—工业企业管理—救灾—中国—手册　Ⅳ．①TM08-62

中国版本图书馆 CIP 数据核字（2020）第 054343 号

出版发行：中国电力出版社
地　　址：北京市东城区北京站西街 19 号（邮政编码 100005）
网　　址：http：//www.cepp.sgcc.com.cn
责任编辑：岳　璐（010-63412339）
责任校对：黄　蓓　马　宁
装帧设计：北京宝蕾元科技发展有限责任公司
责任印制：石　雷

印　　刷：北京博海升彩色印刷有限公司
版　　次：2020 年 6 月第一版
印　　次：2020 年 6 月北京第一次印刷
开　　本：787 毫米 ×1092 毫米　16 开本
印　　张：15.25
字　　数：316 千字
印　　数：0001—3500 册
定　　价：106.00 元

EDITORIAL BOARD▼

编委会

PREFACE ▼

前 言

坚持总体国家安全观是习近平总书记在党的十九大报告中提出的新时代坚持和发展中国特色社会主义的十四个基本方略之一，同时提出了提升防灾减灾救灾能力的任务。电力作为关系到国计民生的公共事业，电力系统的安全稳定对保障国家安全、社会稳定和人民生命财产安全发挥着举足轻重的作用。电力安全是各级党委和政府非常重视的非传统安全之一，自然灾害是威胁电力安全的重要风险源。随着我国电网和电源建设发展规模不断扩大，各类突发事件给电力系统安全运行带来更大风险，电网企业灾后抢险救灾工作面临更大挑战，如何有序开展抢修复电工作，提高灾后抢险救灾工作效率，已成为各电网企业每年防灾抗灾救灾的重要课题之一。

我国是一个自然灾害多发的国家，海岸线长达 1.8 万千米，居世界第四位。自然灾害种类多，分布广泛，时常受到台风、暴雨、龙卷风等自然灾害的影响。而这些自然灾害还可能衍生出次生灾害，加剧灾害对电力设备设施的破坏。在我国沿海城市，台风、龙卷风经常造成电力设施毁坏，导致大面积停电是灾害性天气引发的非常严重的次生灾害之一。近年来国内发生过多起这样的次生灾害：2014 年 7 月超强台风“威马逊”造成海口、湛江大面积停电，2015 年 10 月强台风“彩虹”造成湛江大面积停电，2015 年 10 月“10 · 04”龙卷风造成广州海珠区、番禺区停电，2017 年 8 月强台风“天鸽”造成珠海、澳门大面积停电，2018 年 9 月强台风“山竹”造成深圳电网受损严重，给受灾城市和电网企业造成了严重损失。

为强化防灾抗灾能力建设，促进抢险救灾工作安全有序开展，不断提高电网企业抢险救灾工作的效率。结合近年来南方地区台风、冰灾以及社会突发事件供电支援工作经验，深圳供电局有限公司（简称公司）组织总结固化中国南方电网公司（简称网公司）有关抢险救灾工作经验和做法，从抢险支援需求、队伍装备调配、现场指挥部组建、抢险和后勤安排、抢险施工过程管控等方面组织着力优化抢险救灾全过程工作流程，建立随时可调用的抢险救灾工作模板数据库，全面提升抢修救灾的整体管控水平，为电网企业提供实战模板参考。

本手册从三个维度（包括电网企业内部抢险救灾、外单位支援电网企业灾后抢修复电及电网企业支援外单位灾后抢修复电）建立抢险救灾全过程快速投入机制。其中，电网企业内部抢险救灾部分重点突出资源整合和快速响应，外单位支援电网企业灾后抢修复电部分重点突出后勤保障与安全引导，电网企业支援外单位灾后抢修复电重点突出任务对接与施工管理，进一步明确各种抢险资源条件下的差异化管理要求，做好随时投入抢险的各项准备。

目录 CONTENTS

前言

第一部分 | 电网企业内部抢险救灾 001

1 | 抢险准备及组织 003

1.1 抢险组织架构及职责 003

1.1.1 灾后抢险救灾组织架构组建指引 003

1.1.2 指挥部运作机制 003

1.1.3 灾后抢险救灾总指挥部（模板） 010

1.1.4 灾后抢险救灾现场指挥部（模板） 013

1.1.5 灾后抢险救灾党员突击队（范本） 015

1.2 抢险队伍调配 016

1.2.1 应急抢险队伍调配指引 016

1.2.2 内部应急队伍调用支援需求表（模板） 017

1.2.3 外协应急抢险抢险支援或结束通知单 017

1.2.4 调用外协应急队伍（第二梯队）开展灾后抢险救灾工作函件（模板） 019

1.3 物资装备准备 020

1.3.1 灾后抢险物资调配指引 020

1.3.2 外协应急抢险队伍工器具及应急物资配置标准 022

1.3.3 应急物资调用需求表（模板） 028

1.3.4 应急装备调用需求表（模板） 028

1.4 抢险值班安排 028

1.4.1 灾后抢险救灾值班安排工作指引 029

1.4.2 灾后抢险救灾总指挥部指挥干部值班表（模板） 029

1.4.3 灾后抢险救灾现场指挥部指挥干部值班表（模板）………………………………029
1.4.4 灾后抢险救灾应急办现场应急协调值班表（模板）………………………………030
1.5 后勤保障……………………………………………………………………………030
1.5.1 后勤保障工作指引……………………………………………………………031
1.5.2 总指挥部后勤保障需求表（模板）……………………………………………032
1.5.3 现场指挥部后勤保障需求表（模板）…………………………………………032
1.5.4 灾后抢险救灾内部应急队伍后勤保障需求表（模板）………………………032
1.5.5 灾后抢险救灾外部应急队伍后勤保障需求表（模板）………………………033
1.5.6 应急抢险现场餐饮统计表（模板）……………………………………………033
1.5.7 应急抢险现场医疗药品配置需求表（模板）…………………………………033

2 | 现场实施…………………………………………………………………034
2.1 现场指挥部…………………………………………………………………………034
2.1.1 现场指挥部搭建工作指引………………………………………………………034
2.1.2 硬件设施配置标准………………………………………………………………035
2.1.3 上墙资料…………………………………………………………………………036
2.2 设备运维……………………………………………………………………………040
2.2.1 灾害区域电力设备设施运维原则和巡视维护策略……………………………041
2.2.2 灾害区域电力设备设施隐患排查要求…………………………………………042
2.3 灾情勘查……………………………………………………………………………043
2.3.1 灾情勘查方式及工作指引………………………………………………………043
2.3.2 灾情勘查网格化分工（模板）…………………………………………………043
2.3.3 灾情勘查工作单（模板）………………………………………………………044
2.4 施工前准备…………………………………………………………………………046
2.4.1 灾后抢险救灾施工前工作指引…………………………………………………046
2.4.2 灾后抢险救灾施工任务分配（模板）…………………………………………051
2.4.3 灾后抢险救灾项目立项及结算方式（模板）…………………………………052
2.4.4 灾后抢险救灾项目取费标准……………………………………………………052
2.4.5 灾后抢险救灾项目签证材料（模板）…………………………………………054
2.4.6 抢险复电优先顺序表（模板）…………………………………………………055

2.4.7 现场勘查工作单（模板）.. 056
2.4.8 灾后抢险救灾施工方案（模板）................................ 058
2.5 施工队伍 059
2.5.1 灾后抢险救灾管理工作指引 059
2.5.2 灾后抢险救灾内部应急队伍投入情况表（模板）.................... 060
2.5.3 支援公司灾后抢险救灾外协应急队伍驻扎分布情况.................. 060
2.6 施工物资装备 061
2.6.1 灾后抢险救灾施工物资装备管理工作指引 061
2.6.2 主网类抢险物资调用需求表（模板）.............................. 063
2.6.3 配网类抢险物资调用需求表（模板）.............................. 063
2.6.4 灾后抢险救灾备品备件、工器具及辅材出入库登记表（模板）........ 063
2.6.5 灾后抢险救灾大型工器具投入情况统计表（模板）.................. 064
2.6.6 灾后抢险救灾小型工器具及辅材投入情况统计表（模板）............ 064
2.6.7 灾后抢险救灾备品备件投入情况统计表（模板）.................... 064
2.6.8 灾后抢险救灾照明灯具投入情况统计表（模板）.................... 064
2.6.9 灾后抢险救灾备品备件、工器具及辅材领用及回收登记表（模板）.... 065
2.6.10 灾后抢险救灾发电车投入统计表（模板）........................ 065
2.6.11 灾后抢险救灾发电机投入统计表（模板）........................ 065
2.7 施工车辆 066
2.7.1 灾后抢险救灾施工车辆管理工作指引 066
2.7.2 灾后抢险救灾施工车辆投入情况表（模板）........................ 066
2.7.3 灾后抢险救灾后勤保障车辆投入情况表（模板）.................... 066
2.8 安全管理 067
2.8.1 灾后抢险救灾安全管理工作指引 067
2.8.2 灾后抢险救灾现场施工安全管理要求 067
2.8.3 灾后抢险救灾现场安全督查队伍排班表（模板）.................... 068
2.8.4 抢险施工现场安全交底单（模板）................................ 069
2.8.5 灾后抢险工作票取用原则.. 069
2.8.6 灾后抢险工作票（模板）.. 070
2.8.7 外协应急抢险队伍与公司设备运维部门签订安全协议书（模板）...... 071

2.9 施工进度管理 073
2.9.1 灾后抢险救灾施工进度管理工作指引 073
2.9.2 灾后抢险救灾现场工作量完成情况表（模板） 073
2.9.3 灾后抢险救灾工作进度横道图 074
2.9.4 气象动态（范本） 075
2.9.5 灾后抢险救灾工作简报（范本） 075
2.10 停送电管理 077
2.10.1 灾后抢险救灾停送电管理工作指引 077
2.10.2 灾后抢险竣工验收表（模板） 077
2.10.3 灾后抢险救灾现场停送电管理 078
2.11 应急处置管理 079
2.11.1 灾后抢险应急处置原则 079
2.11.2 灾后抢险人身伤亡事故应急处置流程 079
2.11.3 灾后抢险设备设施事故应急处置流程 080
2.11.4 灾后抢险应急处置信息报送单 081

3| 闭环及其他 082
3.1 保险购买及理赔 082
3.1.1 灾后抢险救灾保险购买指引 082
3.1.2 灾后抢险救灾施工人员人身保险购买情况统计表（模板） 083
3.1.3 电力设备设施保险理赔需求表（模板） 083
3.2 现场慰问 083
3.2.1 灾后抢险救灾现场慰问计划 084
3.3 工程量结算 084
3.3.1 工程量结算工作指引 084
3.3.2 工程量签证统计表（模板） 085
3.4 新闻宣传 086
3.4.1 灾后抢险救灾新闻宣传工作指引 086
3.4.2 灾后抢险救灾新闻素材收集标准 087
3.4.3 灾害舆情监控及宣传报道情况（模板） 087

3.5 总结分析 088
3.5.1 灾后抢险救灾工作总结（范本） 088

第二部分 | 外单位支援电网企业灾后抢修复电 091

1 | 抢险准备及组织 093
1.1 抢险组织架构及职责 093
1.1.1 灾后抢修复电组织架构组建指引 093
1.1.2 指挥部运作机制 093
1.1.3 向上级电网公司提出灾后抢修复电支援需求表（模板） 095
1.1.4 外单位支援电网企业灾后抢修复电现场指挥部（范本） 095
1.1.5 外单位支援公司灾后抢修复电现场指挥部人员信息表（模板） 097
1.2 外单位人员及装备 097
1.2.1 外单位支援灾后抢修复电人员及装备管理工作指引 097
1.2.2 外单位支援公司灾后抢修复电抢险力量统计表（模板） 099
1.2.3 外单位支援公司灾后抢修复电管理人员信息表（模板） 099
1.2.4 外单位支援公司灾后抢修复电施工人员信息表（模板） 099
1.2.5 外单位支援灾后抢修复电施工单位工作票负责人及签发人清单（模板） ... 100
1.2.6 外单位支援抢修车辆及大型装备统计表（模板） 100
1.3 后勤保障 101
1.3.1 外单位支援灾后抢修复电外部应急队伍后勤保障机制 101
1.3.2 外单位支援灾后抢修复电综合保障组值班表（模板） 101
1.3.3 外单位支援公司灾后抢修复电外部应急队伍后勤保障需求表（模板） 102
2 | 现场实施 102
2.1 现场指挥部 102
2.1.1 现场指挥部搭建工作指引 102
2.1.2 硬件设施配置标准 103
2.1.3 上墙资料 104
2.2 灾情勘查 108
2.2.1 灾情勘查方式及工作指引 108

2.2.2 灾情勘查工作单（模板）........ 109
2.2.3 灾情勘查网格化分工（模板）........ 111
2.2.4 现场勘查引路人分工表........ 111
2.3 施工前准备........ 112
2.3.1 外单位支援电网企业灾后抢修复电施工前准备工作指引........ 112
2.3.2 外单位支援电网企业灾后抢修复电工作责任范围（模板）........ 113
2.3.3 外单位支援电网企业灾后抢修复电项目立项及结算方式（模板）........ 113
2.3.4 外单位支援电网企业灾后抢修复电项目取费标准........ 113
2.3.5 外单位支援电网企业灾后抢修复电项目签证材料（模板）........ 116
2.3.6 抢险复电优先顺序表（模板）........ 117
2.3.7 灾后抢修复电实施方案（模板）........ 118
2.4 施工物资装备........ 119
2.4.1 外单位支援电网企业灾后抢修复电施工物资装备管理工作指引........ 119
2.4.2 外单位支援电网企业灾后抢修复电备品备件、工器具及辅材调配需求单... 120
2.4.3 外单位支援电网企业灾后抢修复电备品备件、
工器具及辅材出入库登记表（模板）........ 120
2.4.4 外单位支援电网企业灾后抢修复电小型工器具及辅材投入
情况统计表（模板）........ 120
2.4.5 外单位支援电网企业灾后抢修复电备品备件、
工器具及辅材领用及回收登记表（模板）........ 120
2.4.6 外单位支援电网企业灾后抢修复电发电车支援地点清单（模板）........ 121
2.4.7 外单位支援电网企业灾后抢修复电发电机支援地点清单（模板）........ 121
2.5 施工车辆........ 121
2.5.1 外单位支援电网企业灾后抢修复电施工车辆管理工作指引........ 122
2.5.2 外单位支援电网企业灾后抢修复电施工车辆投入情况表（模板）........ 122
2.5.3 外单位支援公司灾后抢修复电后勤保障车辆投入情况表（模板）........ 122
2.6 安全管理........ 123
2.6.1 外单位支援公司灾后抢修复电安全管理工作指引........ 123
2.6.2 外单位支援公司灾后抢修复电现场施工安全管理要求........ 131
2.6.3 外单位支援公司灾后抢修复电施工队伍资质审核要求........ 132

2.6.4 施工前现场勘查记录表（模板）.. 132
2.6.5 抢险施工现场安全交底单（模板）.. 133
2.6.6 灾后抢险工作票取用原则.. 133
2.6.7 灾后抢险工作票（模板）.. 134
2.6.8 外单位应急抢险队伍与公司设备运维部门签订安全协议书（模板）.......... 135
2.7 施工进度.. 137
2.7.1 外单位支援公司灾后抢修复电施工进度管理工作指引................................ 137
2.7.2 外单位支援电网企业灾后抢修复电现场工作量完成情况确认表（模板）... 138
2.7.3 外单位支援公司灾后抢修复电工作进度横道图...................................... 139
2.8 应急处置管理... 139
2.8.1 外单位支援电网企业灾后抢修复电应急处置原则...................................... 139
2.8.2 外单位支援公司灾后抢修复电人身伤亡事故应急处置流程........................ 140
2.8.3 外单位支援电网企业灾后抢修复电设备设施事故应急处置流程................ 141
2.8.4 外单位支援公司灾后抢修复电应急处置信息报送表（模板）..................... 141
3 | 闭环及其他 142
3.1 保险购买及理赔.. 142
3.1.1 外单位支援灾后抢修复电保险购买指引.. 142
3.1.2 外单位支援灾后抢修复电施工人员人身保险购买情况统计表（模板）.. 143
3.1.3 电力设备设施保险理赔统计表（模板）.. 143
3.2 现场慰问.. 143
3.2.1 外单位支援灾后抢修复电现场慰问计划.. 143
3.3 验收结算.. 144
3.3.1 外单位支援灾后抢修复电验收工作指引.. 144
3.3.2 外单位支援灾后抢修复电竣工验收表（模板）....................................... 145
3.3.3 工程量签证统计表（模板）.. 146
3.4 新闻宣传.. 147
3.4.1 外单位支援灾后抢修复电新闻宣传工作指引... 147
3.4.2 外单位支援灾后抢修复电新闻素材收集标准... 147
3.4.3 外单位支援灾后抢修复电舆情监控及宣传报道情况（模板）..................... 148

3.5 总结分析 148
3.5.1 支援结束感谢函件（模板） 148
3.5.2 外单位支援公司灾后抢修复电工作总结（模板） 149

第三部分 | 电网企业支援外单位灾后抢修复电 151

1 | 支援准备及组织 153
1.1 支援准备任务分工与标准 153
1.1.1 支援准备流程图 153
1.1.2 支援准备任务分工 154
1.1.3 对外支援应急队伍人员配置清单 154
1.1.4 对外支援相关物资配置清单 155
1.1.5 对外支援应急抢修宣传标语清单 165
1.1.6 现场指挥部搭建所需材料清单 167
1.2 灾后抢修复电组织架构及职责 171
1.2.1 公司支援外单位灾后抢修复电抢修前准备工作指引 172
1.2.2 现场指挥部运作机制 175
1.2.3 支援外单位灾后抢修复电支援抢修复电过程工作指引 175
1.2.4 支援外单位灾后抢修复电临时党支部（模板） 178
1.3 队伍调配 179
1.3.1 公司支援外单位灾后抢修复电队伍调配工作指引 179
1.3.2 调用应急队伍支援外单位灾后抢修复电工作函件（模板） 179
1.3.3 支援外单位灾后抢修复电管理人员信息表（模板） 181
1.3.4 支援外单位灾后抢修复电施工人员信息表（模板） 181
1.3.5 支援外单位灾后抢修复电施工单位工作票负责人及签发人名单（模板） ... 181
1.4 施工车辆准备 182
1.4.1 支援外单位灾后抢修复电施工车辆管理工作指引 182
1.4.2 公司支援外单位灾后抢修复电施工车辆需求表（模板） 182
1.4.3 公司支援外单位灾后抢修复电后勤保障车辆需求表（模板） 182
1.5 应急装备准备 183

1.5.1 公司支援外单位灾后抢修复电应急装备准备工作指引 183
1.5.2 支援外单位灾后抢修复电照明灯具需求表（模板） 183
1.5.3 支援外单位灾后抢修复电发电车需求表（模板） 184
1.5.4 公司支援外单位灾后抢修复电发电机需求表（模板） 184
1.5.5 公司支援外单位灾后抢修复电应急通信设备需求表（模板） 184
1.6 后勤保障 185
1.6.1 支援外单位灾后抢修复电应急队伍后勤保障机制 185
2 | 现场实施 186
2.1 灾情勘查 186
2.1.1 灾情勘查方式及工作指引 186
2.1.2 灾情勘查网格化分工（模板） 187
2.1.3 灾情勘查工作单（模板） 187
2.2 施工前准备 189
2.2.1 电网企业支援外单位灾后抢修复电施工前准备工作指引 189
2.2.2 施工前现场勘查工作单（模板） 194
2.2.3 电网企业支援外单位灾后抢修复电施工任务分配（模板） 195
2.2.4 电网企业支援外单位灾后抢修复电项目签证材料（模板） 196
2.2.5 电网企业支援外单位灾后抢修复电施工方案（模板） 196
2.3 施工物资 198
2.3.1 电网企业支援外单位灾后抢修复电施工物资管理工作指引 198
2.3.2 灾后抢险救灾备品备件、工器具及辅材调配需求单（模板） 198
2.3.3 灾后抢险救灾备品备件、工器具及辅材领用登记表（模板） 198
2.4 安全管理 199
2.4.1 电网企业支援外单位灾后抢修复电安全管理工作指引 199
2.4.2 电网企业支援外单位灾后抢修复电现场施工安全管理要求 202
2.4.3 电网企业支援外单位灾后抢修复电现场安全督查队伍排班表（模板） 203
2.4.4 安全监督工作记录（模板） 203
2.4.5 抢险施工现场安全交底单（模板） 208
2.4.6 电网企业支援外单位灾后抢修复电工作票取用原则 208
2.4.7 电网企业支援外单位灾后抢修复电工作票（模板） 209

2.5 施工进度 210
2.5.1 电网企业支援外单位灾后抢修复电施工进度管理工作指引 210
2.5.2 电网企业支援外单位灾后抢修复电现场工作量完成情况进度表（模板）........ 211
2.5.3 电网企业支援外单位灾后抢修复电工作进度横道图 212
2.5.4 气象动态（范本）........ 212
2.5.5 电网企业支援外单位灾后抢修复电工作简报（模板）........ 213
2.5.6 后方支援每天工作任务安排（模板）........ 215
2.6 应急处置管理 217
2.6.1 电网支援外单位灾后抢修复电应急处置原则 217
2.6.2 电网企业支援外单位灾后抢修复电人身伤亡事故应急处置流程 217
2.6.3 电网企业支援外单位灾后抢修复电应急处置信息报送表（模板）........ 218

3 | 闭环及其他 219
3.1 保险购买 219
3.1.1 电网企业支援外单位灾后抢修复电保险购买指引 219
3.1.2 电网企业支援外单位灾后抢修复电施工人员人身保险购买情况统计表（模板）........ 219
3.2 现场慰问 220
3.2.1 电网企业支援外单位灾后抢修复电现场慰问计划 220
3.3 验收结算 220
3.3.1 电网企业支援外单位灾后抢修复电验收结算工作指引 221
3.3.2 公司支援外单位灾后抢修复电竣工验收表（模板）........ 222
3.3.3 工程量签证统计表（模板）........ 223
3.4 新闻宣传 224
3.4.1 电网企业支援外单位灾后抢修复电新闻宣传工作指引 224
3.4.2 电网企业支援外单位灾后抢修复电新闻素材收集标准 225
3.4.3 电网企业支援外单位灾后抢修复电舆情监控及宣传报道情况（模板）........ 225
3.5 总结分析 225
3.5.1 电网企业支援外单位灾后抢修复电工作总结（模板）........ 226

第一部分

电网企业内部抢险救灾

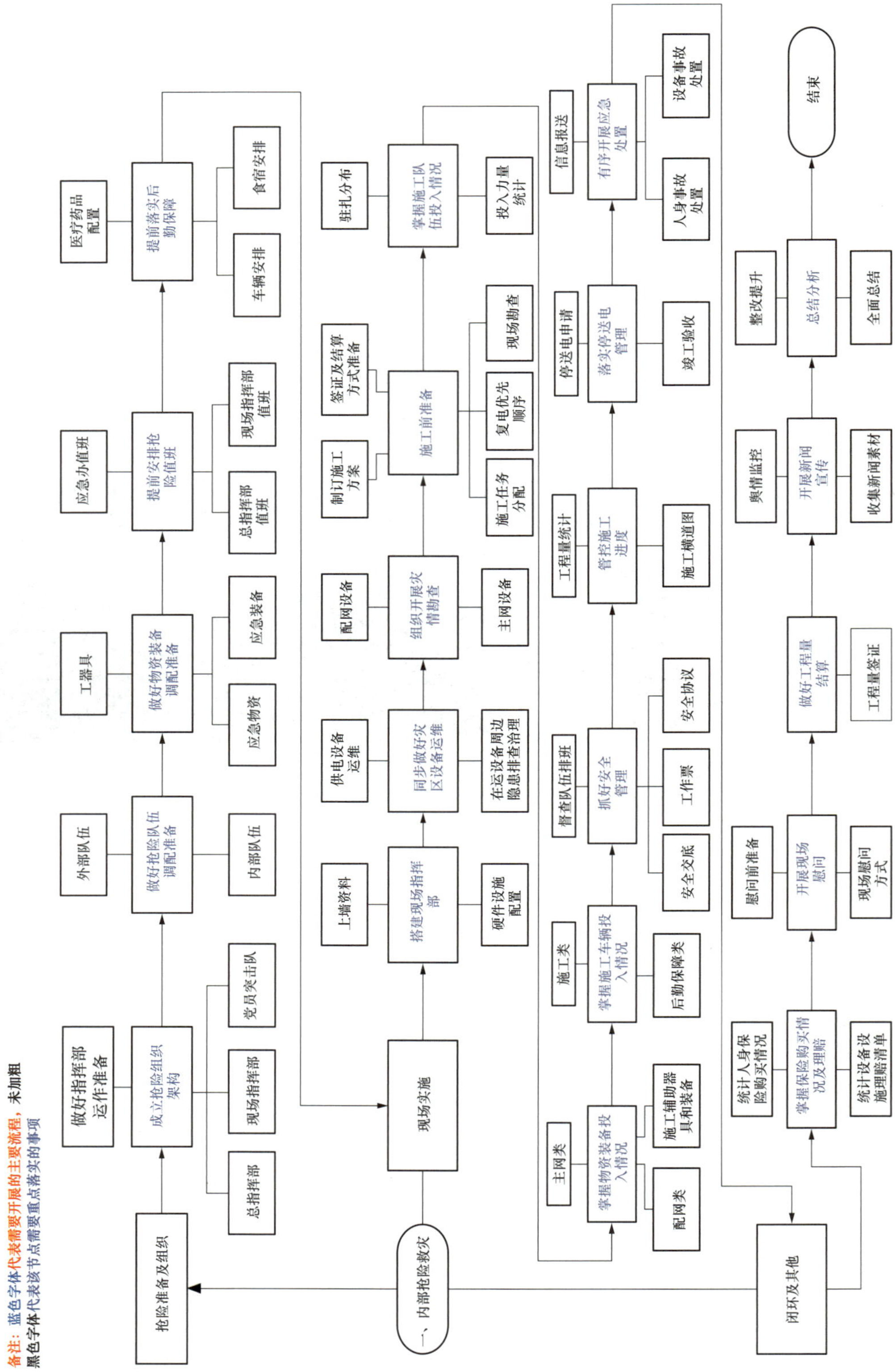

图 1-1 电网企业内部抢险救灾流程图

1 抢险准备及组织

抢险准备及组织见图 1-2。

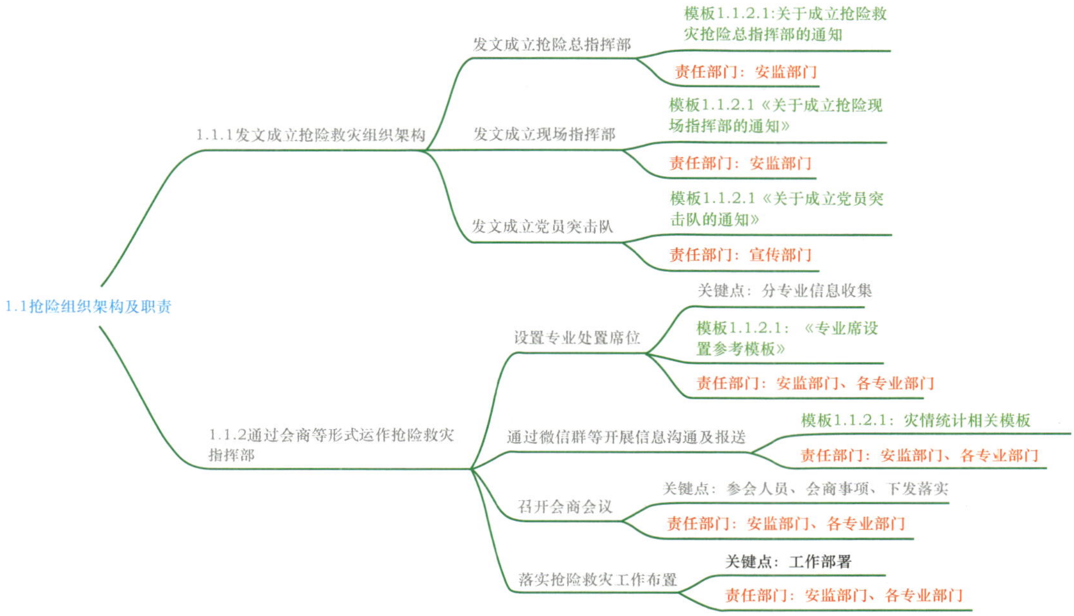

图 1-2　抢险准备及组织

1.1 抢险组织架构及职责

1.1.1 灾后抢险救灾组织架构组建指引

在进入灾后抢阶段之前（即灾前防和灾中守），根据电力设备设施受影响情况，提前发文成立由电网企业主要负责人为总指挥的抗击 XXX 抢险总指挥部，下设多个专业组（包括抢修复电组、调度工作组、信息安全组、客户保障组、物资保障组、安全督导组、综合保障组、新闻宣传组等），统一指挥、协调和部署抢险工作。

根据局部区域受灾严重程度，以属地化为主，充分发挥主体责任，由总指挥部视灾情情况决定是否成立抢险前线指挥部（现场指挥部），在确保安全、天气条件允许的前提下全力以赴指挥开展灾后抢（抢修复电）工作，及时恢复受影响客户供电。同时结合实际情况组建灾后抢险党员突击队，充分发挥党员的先锋模范作用和党组织的战斗堡垒作用。

1.1.2 指挥部运作机制

1.1.2.1 专业组协调指挥机制运作

电网企业应急指挥中心常态设置专业处置席位，各专业工作组安排专人收集信息并提供专业决策数据，同时协调更新应急指挥中心有关基础数据，构建专业协调顺畅、应急保障有力的专业应急处置体系和平台。各专业组在该体系和平台下有序组织落实以下工作：

（1）从灾前防和灾中守开始，电网企业各专业组（抢修复电组、调度工作组、信息安全组、客户保障组、物资保障组、安全督导组、综合保障组、新闻宣传组）开始按照职责落实本专业各项防风防汛措施，按照分工为应急指挥决策提供专业支撑，分工汇报及协调有关问题。

（2）进入灾后抢阶段后，在抢险总指挥部的统一指挥下，各专业工作组之间紧密协作，共同会商研究并安排电网企业灾后抢险各项工作，落实好涉及本专业的上级工作要求，按专业分工协调指挥企业抢险工作，向应急指挥中心提出抢险救灾各项工作决策建议，确保抢险工作资金的投入和人力、物力保障到位。各专业组按照以下职责分工具体落实抢险救灾工作：

1）抢修复电组。负责组织摸查设备设施受损信息、核算提出抢修队伍和应急物资需求计划；统筹制定最优抢修次序和抢修方案，负责组织现场勘查、抢修计划执行、抢修风险管控等设备抢修复电工作；收集、统计、分析和实时掌握设备受损、抢修进度信息并向应急指挥中心报告；在会商会议上或不定期向应急指挥中心提出本专业的灾后抢险救灾决策建议。

2）调度工作组。负责协调、指挥电网的安全运行和事故处理；统筹协调深圳电网电力应急调度；负责收集电网企业输变配电设备跳闸信息；负责组织电力通信、自动化以及二次设备应急抢修；开展电网停运、恢复信息的收集、统计、分析和报送。在会商会议上或不定期向应急指挥中心提出本专业的灾后抢险救灾决策建议。

3）信息安全组。负责抢险期间组织电网企业系统网络信息隐患排查和治理；负责抢险期间电网企业范围内信息系统运行维护工作，保障电网企业应急指挥支持系统、短信及内邮平台的可靠运行；确保电网企业应急指挥场所指挥系统软件、硬件平台处于随时可启用状态。在会商会议上或不定期向应急指挥中心提出本专业的灾后抢险救灾决策建议。

4）客户保障组。负责加强灾害期间客户保障值班安排；负责水风灾害期间事故停电、限电的客户沟通工作；组织协调抢修期间应急电力供应工作及应急发电设备调配工作；负责组织制定并实施停电重要用户的供电保障方案和工作计划；负责收集掌握用户用电损失、营销设备受损、供电保障需求等信息。在会商会议上或不定期向应急指挥中心提出本专业的灾后抢险救灾决策建议。

5）物资保障组。负责所辖仓库物资的储备数量和储备地点的统计工作；收集灾区抢修物资需求，负责应急物资和应急装备的调拨、运输、采购、分配的全过程管理。在会商会议上或不定期向应急指挥中心提出本专业的灾后抢险救灾决策建议。

6）安全督导组。负责组织抢险现场作业风险管控的组织及综合监管工作，包括风险评估、管控措施制定及落实、作业过程安全监督计划制定及实施等。在会商会议上或不定期向应急指挥中心提出本专业的灾后抢险救灾决策建议。

7）综合保障组。组织做好应急指挥值守场所、支援队伍、抢修队伍的后勤保障工作；为灾后抢修复电提供必要的应急通信装备并做好调试；在会商会议上或不定期向应急指挥中心提出本专业的灾后抢险救灾决策建议。

8）新闻宣传组。负责组织对社会新闻媒体发布应急抢险有关情况的报告、报道和通报；负责组织开展舆情防控；负责向上级主管部门汇报电网企业新闻应急工作；负责组织开展与重点新闻媒体的沟通联络；负责牵头开展抢险救灾现场宣传品发放和党员突击队等党建引领工作；在会商会议上或不定期向应急指挥中心提出本专业的灾后抢险救灾决策建议。

（3）信息沟通与协作要求。强化抢修复电过程信息沟通，由抢险办负责启用专业工作组微信群，各专业组负责人（组长、副组长）加入该群，负责落实抢险过程中的协调工作。同时启用专业组联络微信群，各专业组联络人加入该群，负责加强具体抢险信息沟通与交流，提升信息联动及抢修效率。各专业组必须严格遵循本级信息报送时间节点的要求，各个时间节点信息报送内容为当前所掌握的最新情况。具体灾情统计模板见表 1-1~ 表 1-6。

表 1-1　线路停运及恢复情况

500kV 线路				220kV 线路				110kV 线路				20kV 线路		10kV 主线		损失负荷（万 kW）	
跳闸停电（条数）	未恢复（条数）	累计跳闸（条次）	备注	跳闸停电（条数）	未恢复（条数）	累计跳闸（条次）	备注	跳闸停电（条数）	未恢复（条数）	累计跳闸（条次）	备注	跳闸停电（条数）	未恢复（条数）	跳闸停电（条数）	未恢复（条数）	损失负荷	损失占比

■ 填写说明：

1. 跳闸停电（条数）：相应电压等级线路跳闸的总条数，不包含重合闸成功的跳闸线路条数，且同一条线路多次跳闸，只统计为一个跳闸条数。

2. 未恢复：填写相应电压等级线路跳闸后，未恢复成热备用状态的线路条数。

3. 累计跳闸（条次）：相应电压等级线路跳闸的总条次数，包含重合闸成功的跳闸线路条数，且同一条线路多次跳闸，统计为多个跳闸条次数。

4. 备注：填写未恢复线路名称。

5. 损失负荷：电网因灾损失的负荷数。电网发生故障后，在线路重合闸及备用电源自投装置动作完成后系统未恢复的负荷，包括电网减供负荷和低压脱扣负荷。

6. 损失占比：损失负荷数占同期电网应有负荷的百分比。

表 1-2　变电站停运及恢复情况

500kV 变电站			220kV 变电站			110kV 变电站		
失压（座）	未恢复（座）	备注	失压（座）	未恢复（座）	备注	失压（座）	未恢复（座）	备注

■ **填写说明：**

1. 累计停运（座）：灾害过程中发生停运变电站的总座数。
2. 未恢复（座）：截止当前时间未恢复变电站的总座数。
3. 备注：发生停运事件的变电站名称及目前状态。例如 :XX 变电站（已恢复 / 未恢复）。

表 1-3　　供电损失及客户停电情况

台区（个）			用户数（户）			一级重要用户（户）		二级重要用户（户）		损失电量（万 kWh）
停电数	未恢复数	停电占比	停电数	未恢复数	停电占比	停电数	未恢复数	停电数	未恢复数	

■ **填写说明：**

1. 台区：一个配电变压器所供负荷区域计作一个台区。

2. 用户数：① 线路重复跳闸时客户停电户数不累加统计，即线路重复跳闸时，停电户数只统计一次。② 线路跳闸重合成功的客户数不统计。

3. 未恢复数：因灾发生停电的用户截至当前还未恢复供电的用户数。

4. 停电占比：停电占比 = 停电台区（用户）数 ÷ 全市台区（用户）总数。

5. 损失电量：灾害期间损失电量的总数。

表 1-4　　线路倒杆情况

500kV				220kV				110kV							20kV						10kV						低压			
铁塔倒塌	铁塔变形	未恢复	备注	铁塔倒塌	铁塔变形	未恢复	备注	铁塔倒塌	铁塔变形	断杆	倒杆	电杆倾斜	未恢复	备注	铁塔倒塌	铁塔变形	断杆	倒杆	电杆倾斜	未恢复	铁塔倒塌	铁塔变形	断杆	倒杆	电杆倾斜	未恢复	断杆	倒杆	倾斜	未恢复

表 1-5　　其他信息填写说明

原因 / 名称	基础	主体	主材	塔头	塔材质量占总质量百分比（%）				塔身
					垮塌	报废	倾倒	变形	
铁塔倾倒	基础未损坏无需重新浇筑且主体部分倾覆至地面或接近地面		—	—	—	≥ 20	≥ 30	—	需重新组立
铁塔垮塌	发生坍塌需要重新浇筑	大部分倾覆至地面	—	—	≥ 60	≥ 50	—	—	—
铁塔变形	—	—	变形需更换或矫正	变形需更换或矫正	—	< 20	—	< 30	需部分重新组立
断杆	电杆拦腰截断								

续表

原因 名称	基础	主体	主材	塔头	塔材质量占总质量百分比（%）				塔身
					垮塌	报废	倾倒	变形	
倒杆	电杆完好，但电杆基础需要重新修复								
电杆倾斜	电杆完好，且电杆基础不需要修复								

表 1-6　　线路及配电变压器受损情况

线路受损情况（km）															配电变压器受损情况（台）	
500kV			220kV			110kV			35kV		10kV		低压			
受损	未恢复	备注	受损	未恢复	备注	受损	未恢复	备注	受损	未恢复	受损	未恢复	受损	未恢复	受损	未恢复

■ **填写说明：**

1. 线路受损：按单相导路（地线）受损长度统计，统计距离为断线或者整条线路损毁时的挡距。
2. 线路未恢复：截至当前仍未修复的受损线路长度。
3. 配电变压器受损：发生损害需要修复或更换的配电变压器台数。
4. 配电变压器未恢复：截至当前仍未修复或更换的配电变压器台数。
5. 备注：台风登陆期间不用填报。

1.1.2.2 会商机制运作

抢险救灾期间，原则上企业应急指挥中心早晚各召开一次紧急会商会议（应急办召集指挥中心成员在指定地点按时参会），应急办及时将会议决策形成文件下发至各部门（单位），必要时由总指挥签发指挥令。会商会议由抢险总指挥部总指挥或副总指挥主持，八个专业工作组组长及相关人员参会。会议主要议程如下：

（1）听取各专业工作组汇报。

（2）应急办通报天气变化趋势，分析当前形势和预期判断（尽量提供灾情分布图）；抢修复电组通报设备受损及抢修情况；调度工作组汇报电网受损及处理情况；信息安全组汇报信息系统支撑及信息安全情况；客户保障组汇报用户损失及处理情况；安全督导组汇报现场抢修复电安全督导工作安排及存在问题；物资保障组汇报抢修物资供应情况及存在问题；综合保障组汇报后勤保障及应急通信保障情况；新闻宣传组汇报新闻宣传及党建引领情况。

（3）组织讨论应对措施、行动方案、资源调配等工作部署，由总指挥或副总指挥决策。

（4）讨论是否新组建前线抢险指挥部或现场督导组，并由总指挥或副总指挥明确新的前线抢险指挥部或现场督导组机构构成。

（5）明确新闻发言人，滚动更新对外新闻发布口径及原则。

会议期间由公司应急办做好会议记录，在会后第一时间下发并监督落实，记录模板和会议决策下发模板见表1-7和图1-3。

表1-7 记录模板

专业组名称	本专业组灾情统计及应急处置情况汇报	提出的会商意见或建议	会商会议采纳情况
抢修复电组			
调度工作组			
信息安全组			
客户保障组			
物资保障组			
安全督导组			
综合保障组			
新闻宣传组			

××电网企业应急指挥中心

抗击强台风“××”会商

会 议 记 录

公司应急办编　　20××年××月××日××时××分

××月××日下午，××电网企业在应急指挥中心主持召开会商会议，对台风灾后抢险救灾有关工作做了如下工作部署：

一、会议传达上级工作要求和精神。

二、通报本次抗击强台风工作存在的问题。

一是××；

二是××。

审视八个专业工作组织和落实过程中存在的问题，如安全管理、资源调配、指挥体系、灾情信息出口等方面问题。

三、部署下一阶段抢险救灾工作

一是××；

二是××。

结合抢险救灾进度和存在的问题，针对八个专业工作做出有关工作部署，重点强调安全管理和施工组织等方面。

图1-3　会议决策下发模板

1.1.3 灾后抢险救灾总指挥部（模板）

灾后抢险救灾总指挥部模板见图 1-4。

关于成立 ×× 电网企业抗击 ××× 抢险总指挥部的通知

本部各部门、直属各单位：

按照 ×× 电网企业的统一部署，为全力做好 ××× 灾后抢修复电工作，经研究，决定成立 ×× 电网企业抗击 ××× 抢险指挥部，统一指挥、协调 ×× 电网企业各部门（单位）的抢险工作。

一、抗击 ××× 抢险总指挥部

总指挥：党委书记、董事长（安全生产第一责任人）

常务副总指挥：总经理（安全生产主要负责人）

副总指挥：分管副总经理（安全生产直接负责人）、工会主席

成员：各专业职能管理部门、财务部门及工会部门主要负责人

职责：布置落实上级有关灾后抢险工作的各项要求；统一指挥 ×× 电网企业抢险工作；决定抢险工作的重大事项；决定抢险工作的启动和终止；监督指挥抢险工作的实施；确保抢险工作资金的投入和人力、物力保障。

抗击 ××× 抢险总指挥部办公室设在安监部门（简称“抢险办”），具体组成如下：

主任：安监部门（应急指挥中心）分管负责人

成员：安监部门（应急指挥中心）应急协调科全体人员及安全监察部门相关人员

职责：为现场抢险工作安全措施提出实施建议；负责抢险值班、综合协调及指挥工作；做好信息收集、整理、传递和发布；及时将前线抢险队伍的需求反馈总指挥部并落实安排。

总指挥部下设八个专业组：

（一）抢修复电组

组长：生技部门主要负责人

副组长：市场部门主要负责人、生技部门及市场部门分管负责人

成员：生技部门主网设备管理科室及配网设备管理科室所有人员

联络人：主网设备管理科室及配网设备管理科室负责人

图 1-4　灾后抢险救灾总指挥部模板（一）

职责：1. 负责收集灾害造成主网设备损失情况、应急救援、事故抢修处理信息；2. 负责管辖范围内专业应急队伍的调配管理工作；3. 负责组织现场勘查、抢修计划执行、抢修风险管控等设备抢修复电工作；4. 将抗灾、防灾能力评估改进措施纳入到大修技改、设备运维相关原则或标准；5. 组织协调抢修期间应急电力供应工作及应急发电设备调配工作；6. 负责收集掌握用户用电损失、营销设备受损、供电保障需求等信息；7. 负责协调客户服务中心开展气象灾害期间事故停电、限电等客户服务应急处置沟通和解释工作；8. 负责组织制定并实施停电重要用户的供电保障方案和工作计划。

（二）调度工作组

组长：调度部门主要负责人

副组长：调度部门分管负责人

成员：调度部门相关科室负责人

联络人：安生与资产部主要负责人

职责：1. 负责协调、指挥电网的安全运行和事故处理；2. 统筹协调深圳电网电力应急调度；3. 负责保障灾区、抢险地区和重要防风防汛设施的电力供应；4. 负责收集公司输变配电设备跳闸信息；5. 负责组织电力通信、自动化设备应急抢修；6. 负责开展电力通信设备中断事故预想及制定事故处理预案；7. 做好电力通信通道的监控与维护工作，确保应急信息传递、电力调度畅通、保护通道不间断，并随时待命投入抢修工作。

（三）信息安全组

组长：信息部门主要负责人

副组长：信息部门分管负责人

成员：信息部门相关科室负责人

联络人：信息安运科科室负责人

职责：1. 负责抢险期间组织公司系统网络信息隐患排查和治理；2. 负责抢险期间公司范围内信息系统运行维护工作，保障公司应急指挥支持系统、短信及内邮平台的可靠运行；3. 确保公司应急指挥场所指挥系统软件、硬件平台处于随时可启用状态。

（四）客户保障组

组长：市场部门主要负责人

副组长：市场部门分管负责人

成员：市场部门相关人员

图 1-4　灾后抢险救灾总指挥部模板（二）

联络人：市场部门客户科科室负责人

职责：①负责加强灾害期间（95598）值班安排；②负责水风灾害期间事故停电、限电的客户沟通工作；③具体负责防风防汛应急处置期间应急发电设备调配工作。

（五）物资保障组

组长：物资部门主要负责人

副组长：物资部门分管负责人

成员：物资部门相关人员

联络人：物资部门办公室负责人

职责：①负责所辖仓库物资的储备数量和储备地点的统计工作；②负责抢险物资储备、采购、调拨的组织工作；③确保应急物资的供应、运送等。

（六）安全督导组

组长：安全督查部门主要负责人

副组长：安全督查部门主要负责人

成员：安全督查队伍所有人员

联络人：安全督查部门分管负责人

职责：负责组织抢险现场作业风险管控的组织及综合监管工作，包括风险评估、管控措施制定及落实、作业过程安全监督计划制定及实施等。

（七）综合保障组

组长：行政部门主要负责人

副组长：行政部门分管负责人

成员：行政部门相关人员

联络人：行政部门信访保卫科科室负责人

职责：①负责公司大楼等办公场所的灾后抢修具体工作；②负责防风防汛后勤保障工作的组织协调。

（八）新闻宣传组

组长：宣传部门主要负责人

副组长：宣传部门分管负责人

成员：宣传部门相关科室人员

联络人：宣传部门新闻策划部负责人

图 1-4　灾后抢险救灾总指挥部模板（三）

职责：1. 负责组织对社会新闻媒体发布应急抢险有关情况的报告、报道和通报；2. 负责组织开展舆情防控和舆论引导工作；3. 负责向上级主管部门汇报公司新闻应急工作；4. 负责组织开展与重点新闻媒体的沟通联络。

二、抢险前线指挥

前线抢险原则上以属地化为主，充分发挥主体责任，同时根据局部区域受灾严重程度，由总指挥部决定是否成立公司抢险前线指挥部。

三、信息沟通与协作要求

强化抢修复电过程信息沟通，由抢险办组织建立抢修协调群，各专业组负责人（组长、副组长）加入该群，负责落实抢险过程中的协调工作。同时组织建立抢修工作群，各专业组联络人加入该群，负责加强具体抢险信息沟通与交流，提升信息联动及抢修效率。

特此通知。

图 1-4　灾后抢险救灾总指挥部模板（四）

1.1.4 灾后抢险救灾现场指挥部（模板）

灾后抢险救灾现场指挥部模板见图 1-5。

关于成立 ×× 电网企业抗击 ××× 抢险前线指挥部的通知

本部各部门、直属各单位：

为全力做好抗击 ××× 灾后抢修复电工作，集中力量攻坚克难，经 ×× 电网企业抢险总指挥部认真研判受灾情况，决定由 ××× 电网企业组织抢修力量赴 ××× 电网企业支援灾后抢修，并同步成立 ×× 电网企业抗击 ××× 前线抢险指挥部，统一指挥、协调各项工作。

图 1-5　灾后抢险救灾现场指挥部模板（一）

一、成立 ××× 前线抢险指挥部

组长：受支援的属地电网企业主要负责人

副组长：抢险总指挥部抢修复电组副组长、受支援的属地电网企业负责人、支援电网企业负责人

成员：支援与受支援电网企业相关人员

联络人：支援与受支援电网企业安监部主要负责人、抢险总指挥部抢修复电组成员

职责：负责灾后抢修复电工作的工作布置，监督指挥支援抢险工作的实施，负责支援工作的具体联系、对接、发电车及应急抢修设备的调配、现场处理、支援人员的后勤服务等。

二、工作要求

（一）抢险工作应按照《关于加强 ××× 影响期间灾中防御和灾后抢修人身风险管控工作的通知》要求进行，认真落实《安规》* 关于抢修复电的相关规定，确保安全第一。

（二）请支援电网企业组织一套完备的抢修力量，包括安全监督人员、快速复电人员、外协抢修队伍以及抢修必备的车辆、工器具等，确保能够快速投入工作。

（三）抢修复电工作应服从前线抢险指挥部的总体部署，以受支援电网企业为主，支援电网企业支援力量按照分片区包干原则开展抢修复电。必要时，受支援电网企业派遣 1～2 名熟悉现场环境的作业人员协助支援电网企业支援队伍开展工作。

（四）请支援电网企业抢修支援队伍尽快到达，请受支援电网企业做好相关工作交接。

特此通知。

图 1-5　灾后抢险救灾现场指挥部模板（二）

* 本书中《安规》指 Q/CSG 510001—2015《中国南方电网有限责任电力安全工作规程》。

1.1.5 灾后抢险救灾党员突击队（范本）

灾后抢险救灾党员突击队见图 1-6。

关于成立 ×× 电网企业抗击 ××× 抢险党员突击队的通知

本部各部门、直属各单位：

为全力做好抗击 ××× 灾后抢修复电工作，发挥党员特别能吃苦、特别能战斗的组织优势，承担各项“急、难、险、重”的工作任务，集中力量攻坚克难。经 ××× 党支部研究，决定成立 ××× 单位党员突击队支援灾后抢修工作，充分发扬党员的先锋模范作用。

一、成立党员突击队

组长：××× 党支部书记或副书记

成员：××× 党支部党员

联络人：××× 党支部党员

职责：充分发扬党员的先锋模范作用，主动承担抢险过程中各项“急、难、险、重”的工作任务。

二、工作要求

（一）抢险工作应严格按照《关于加强 ××× 影响期间灾中防御和灾后抢修人身风险管控工作的通知》要求开展，认真落实《安规》关于抢修复电的相关规定，确保安全第一。

（二）抢修复电工作应服从前线抢险指挥部的总体部署，严格按照分工完成相关工作。

特此通知。

图 1-6　灾后抢险救灾党员突击队

1.2 抢险队伍调配

抢险队伍调配见图 1-7。

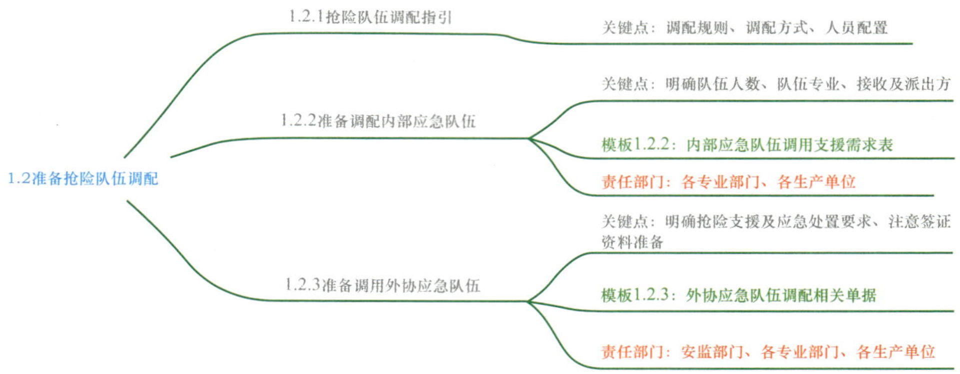

图 1-7 抢险队伍调配

1.2.1 应急抢险队伍调配指引

1.2.1.1 应急抢险队伍调配原则

原则上优先调配公司通过框架招标确定的外协应急队伍（第一梯队）开展灾后抢险救灾工作。在深圳电网受灾风险等级较高且中标外协应急队伍无法满足实际需求的情况下，调用其他与公司签订抢修框架协议的外协应急抢修队伍（第二梯队）参与开展灾后抢险救灾工作。当深圳本地抢险力量不足时，公司应急办收集生技部门和市场部门有关需求，及时向南方电网公司（简称网公司）应急办提出应急支援申请，由网公司应急办评估并统一调配各支援单位应急抢修队伍，支援公司开展抢修复电。配网灾后应急抢险队伍的人数应满足独立完成深圳本地灾后两天的抢修任务，包括恢复全部重要用户供电、每个街道恢复至少一条 10kV 线路供电、尽可能恢复所有 10kV 主干线供电。

1.2.1.2 调配方式

灾后深圳电网设备设施受损数量大、范围广的情况下，或者公司接受政府、网公司指令等情况，公司应急办根据灾情情况和上级指令适时发出应急抢险通知单（由应急待命转为应急抢险状态），组织外协应急抢险队伍开展灾后抢险支援和社会突发事件应急处置支援工作，直至应急处置结束（由公司应急办发出抢险结束通知单）。

1.2.1.3 安全督查人员配置

抢险现场应设立安全督查组，按一定数量的抢修人员配置相应的安全督查人员（每个作业面均配置专职安全员，安全督查组不间断巡查），组长由属地安监部门负责人担任。

1.2.2 内部应急队伍调用支援需求表（模板）

内部应急队伍调用支援需求见表 1-8。

表 1-8　　内部应急队伍调用支援需求表

序号	专业	被支援单位（需求单位）	联系人及电话	队伍所属单位（支援单位）	联系人及电话	队伍人数	到达地点	到位时间	备注
	主网或配网								

1.2.3 外协应急抢险抢险支援或结束通知单

外协应急抢险队伍抢险支援通知单见表 1-9。

表 1-9　　外协应急抢险队伍支援通知单

发布单位：×× 电网企业（盖公司或部门章）　　签发人：×××

抢险支援名称	×× 台风（暴雨）灾后应急抢险支援	
启动时间	20×× 年 ×× 月 ×× 日 ×× 时 ×× 分	
抢险支援编号	QXZY-F-20XX - YY	
抢险支援范围	全市（×× 区、×× 区）	
发至单位	1. ×× 电网企业 20××-20×× 年度外协应急抢险队伍抢险支援项目中标单位：×× 公司（配网）、×× 公司（主网） 2. 生技部门、市场部门、输电管理部门、变电管理部门、各电网企业	
队伍规模	主网：×× 人	配网：×× 人（×× 区 ×× 人）
灾情概要	描述灾情情况	
应急抢险支援工作要求	1. 外协应急抢险队伍应急抢险支援启动和结束指令由公司应急办负责发布。 2. 各区域外协应急抢险队伍在 1 小时内赶赴 ×× 地点集结状态，满足立即开展应急抢险的条件。 3. 应急抢险期间，各外协应急抢险队伍要服从 ×× 电网企业三防应急指挥部及各生产单位的指挥，在按照相关规定落实好安全措施的前提下开展应急抢险工作。 4. 各生产单位要及时做好待命期间应急抢险队伍现场到位表、现场照片、工程量签证等资料收集和确认工作。 5. 其他工作请在确保安全前提下按合同约定事项执行。 6. 待命期间 ×× 电网企业应急办联系人：×××（电话）；×××（电话）。	
备注		

注：1. 抢险支援名称：根据实际情况设置抢险支援名称。
2. 抢险支援编号：QXZY 代表抢险支援；“F”表示首次发布，“T”表示调整；“20××”表示年号；“YY”表示序列号，范围为 01～99，抢险支援调整给予新编号。

外协应急抢险队伍支援结束通知单见表 1-10。

表 1-10　　外协应急抢险队伍支援结束通知单

发布单位：×× 电网企业（盖公司或部门章）　　签发人：×××

抢险支援名称	×× 台风（暴雨）灾后应急抢险支援
抢险支援编号	QXZY-F-20XX - YY
结束时间	20×× 年 ×× 月 ×× 日 ×× 时 ×× 分
发至单位	1. ×× 电网企业 20××-20×× 年度外协应急抢险队伍抢险支援项目中标单位：×× 公司（配网）、×× 公司（主网） 2. 生技部门、市场部门、输电管理部门、变电管理部门、各电网企业
结束原因及灾情概要	描述当前灾情情况和结束原因
后续工作要求	1. 各生产单位要根据已收集的应急抢险期间应急抢险队伍现场到位表、现场照片、工程量签证等资料，组织再次核实并签字确认。 2. 其他工作请在确保安全前提下按合同约定事项执行。 3. ×× 电网企业应急办联系人：×××（电话）；×××（电话）
备注	

注：1. 抢险支援名称：根据实际情况设置抢险支援名称。
2. 抢险支援编号：QXZY 代表抢险支援；“F”表示首次发布，“T”表示调整；“20XX”表示年号；“YY”表示序列号，范围为 01～99，抢险支援调整给予新编号。

1.2.4 调用外协应急队伍（第二梯队）开展灾后抢险救灾工作函件（模板）

调用外协应急队伍（第二梯队）开展灾后抢险救灾工作函件（模板）见图 1-8。

关于调用应急队伍支援灾后抢险救灾工作的函

×× 公司：

×× 月 ×× 日，今年第 ×× 号台风“××”袭击深圳市，给 ×× 地区电力设施造成了严重破坏。初步排查表明，220kV 杆塔倒断 ×× 基、110kV 杆塔倒断 ×× 基，20 kV 杆塔倒断 ×× 基、10kV 电杆倒断 ×× 基、低压电杆损坏 ×× 基、导线损坏超过 ×× 千米，灾情较为严重。

为尽快恢复 ×× 地区供电，根据 ×× 市政府关于抢修复电的要求和部署，结合贵司与我公司签订的抢修框架协议，现调用贵司 10kV 及低压线路、配变施工队伍 600 人（自备主要抢修工器具）赴 ×× 区支援抢修复电工作。请立即与 ×× 电网企业联系，组织应急力量迅速到位，力争在今天（×× 月 ×× 日）内抵达 ×× 区，确保按期完成抢修复电任务。

特此函达。

联系人：×× 电网企业安监专业部门，×××；电话，×××

×× 电网企业安监专业部门，×××；电话，××

×× 电网企业 20×× 年 ×× 月 ×× 日

图 1-8　调用应急队伍支援灾后抢险救灾工作函

1.3 物资装备准备

物资装备准备见图 1-9。

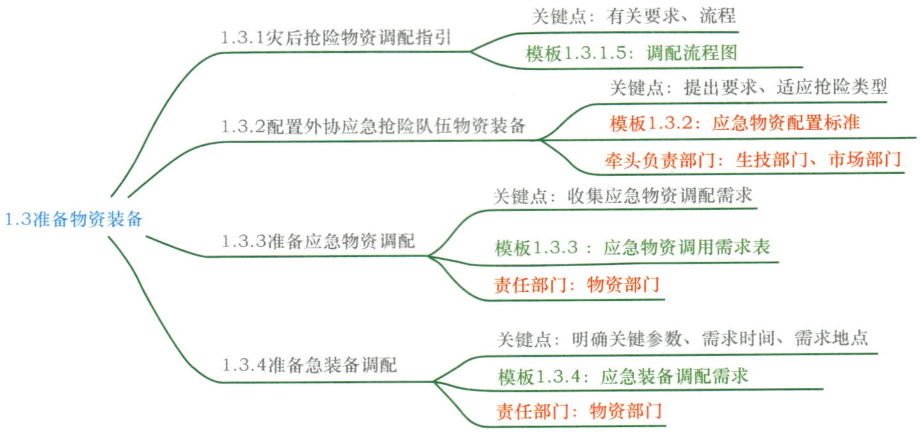

图 1-9 物资装备准备

1.3.1 灾后抢险物资调配指引

1.3.1.1 目的

为规范公司抢险物资调配流程，提高需求部门抢险救灾物资申报的效率，确保物资配送的有序开展，编写此灾后抢险物资调配指引。

1.3.1.2 适用范围

适用于当发生应急抢险时，本公司相关部门申报抢修物资使用。

1.3.1.3 定义

（1）电网公司抢修物资配送服务热线：为实现抢修物资快速供应设立的抢修物资 24 小时服务热线（简称服务热线）。

（2）电网公司抢修物资配送短信平台：为方便需求部门、值班人员和配送队伍就抢修物资信息的流转设立的抢修物资短信平台。

（3）第三方配送单位：电网企业以合同方式委托合作的物流公司，协助仓储配送班组处理在库物资的装卸搬运和配送的机构单位。

（4）中标厂家：跟电网企业签署了框架协定的物资供应商。

1.3.1.4 操作步骤

（1）当发生应急事故或抢险救灾需要申报物资，需求部门首先拨打抢修物资服务热线告知抢修需求，并将抢修信息报送电网公司抢修物资配送短信平台，将系统单据报送至资产管理系统。

（2）电网公司抢修物资配送平台话务员会第一时间联系值班员，核实库存信息确定物资是否满足现场抢修需求，如果满足会立即组织仓库人员进行抢修物资发放，并安排车辆配送物资至抢修现场。

（3）如果库存物资不满足现场抢修需求，值班员会将抢修信息报送给抢修负责人，抢修负责人需及时联系中标厂家确定是否有抢修物资存货，如有则通知中标厂家将物资直送施工现场。

（4）如果中标厂家无库存物资，抢修负责人需联系合约管理部相关人员，确认基建项目中是否有可借调物资，先满足紧急抢修需求。

（5）如果基建项目中无可借调物资，抢修负责人需联系采购部值班人员，询问有采购合作历史的或其他相关非中标厂家确定是否有抢修物资存货，如有则通知非中标厂家将物资直送施工现场。

1.3.1.5 灾后抢险物资调配流程图

灾后抢险物资调配流程图见图 1-10。

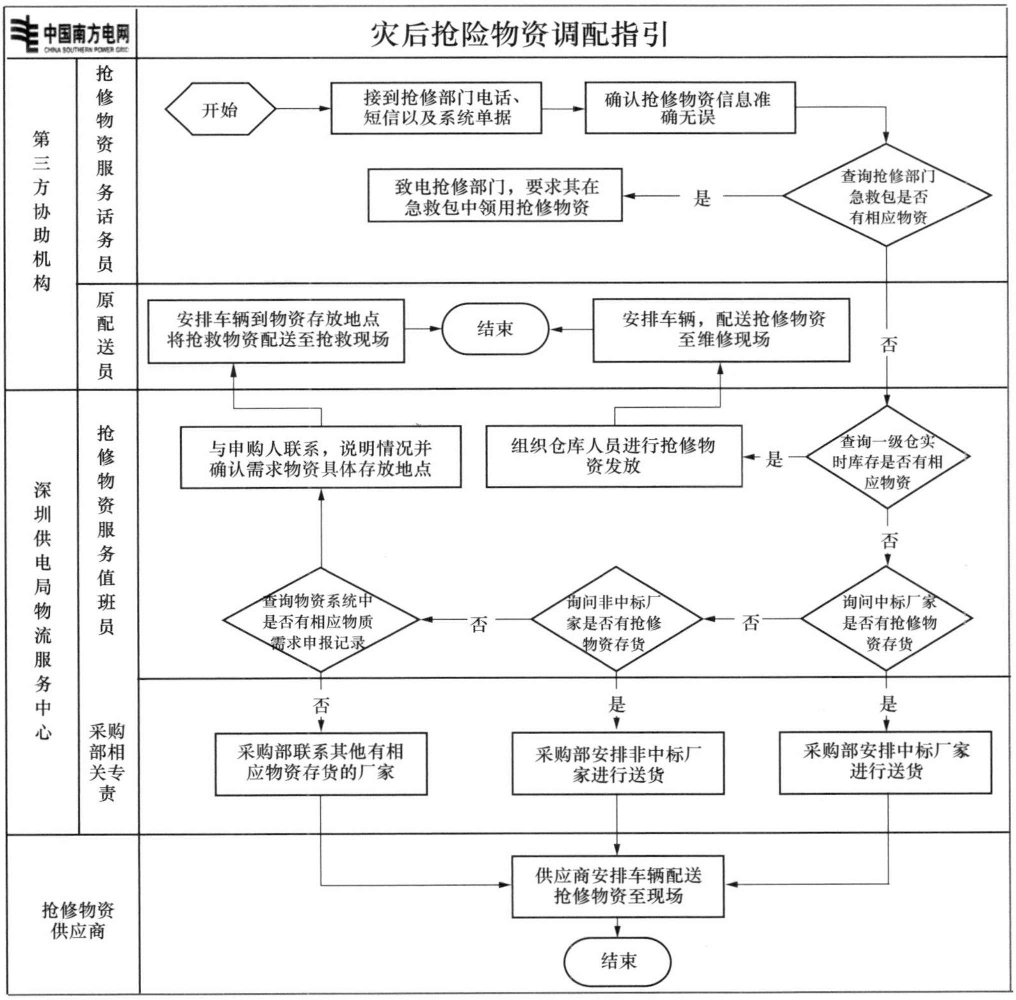

图 1-10　灾后抢险物资调配指引

1.3.2 外协应急抢险队伍工器具及应急物资配置标准

外协应急抢险队伍工器具及应急物资配置标准见表 1-11 ～表 1-17。

表 1-11　外协应急抢险队伍工器具及应急物资配置标准（架空线安装，按 1km 计）

序号	器具或物资名称	规格型号	单位	配置数量	备注
一、施工机具类					
1	绞磨机		台	1	
2	放线架		副	1	
3	钢锹		把	8	
4	钢管		条	4	
5	千斤顶		只	2	
6	铁铲		把	8	
7	梯子		把	4	
8	吊绳		条	20	
9	吊车		辆	1	
10	紧线器		把	4	
11	线夹		只	8	
12	绳索扣		条	8	
13	地桩		条	4	
14	大锤		把	1	
15	过线滑轮		只	20	
16	钢丝绳		m	1000	
二、试验机具类					
1	高压绝缘电阻表		只	2	
三、安全工器具类					
1	安全带		条	20	
2	登高板		副	20	
3	高压验电器		只	2	
4	绝缘棒		套	2	
5	绝缘手套		对	2	
6	绝缘鞋		对	2	
7	安全围栏		只	100	
四、辅助类					
1	对讲机		只	10	
2	常用手工具		套	20	

注：1. 外协单位如不满足该配置标准的由外协单位自行购买补齐。
　　2. 设计院、监理公司参照工作性质自行考虑配置。

表 1–12　外协应急抢险队伍工器具及应急物资配置标准（电缆敷设，按 1km 计）

序号	器具或物资名称	规格型号	单位	配置数量	备注
一、施工机具类					
1	绞磨机		台	1	
2	钢丝绳		米	500	
3	钢丝绳扣		条	4	
4	放线架		副	1	
5	穿管器		盘	1	
6	网套		条	1	
7	千斤顶		只	2	
8	穿管滑轮		只	8	
9	直线滑轮		只	40	
10	转角滑轮		只	8	
11	电缆剪		把	1	
12	钢锹		把	6	
13	铁铲		把	2	
14	大锤		把	1	
15	地桩		条	3	
16	吊车		亮	1	
17	防纽器		只	1	
18	电缆头制作工具		套	2	
二、试验机具类					
1	高压绝缘电阻表		只	2	
三、安全工器具类					
1	围栏		只	80	
四、辅助类					
1	对讲机		只	10	
2	常用手工具		套	10	
注：1. 外协单位如不满足该配置标准的由外协单位自行购买补齐。 2. 设计院、监理公司参照工作性质自行考虑配置。					

表 1-13　外协应急抢险队伍工器具及应急物资配置标准（变压器台架安装）

序号	器具或物资名称	规格型号	单位	配置数量	备注
一、施工机具类					
1	电焊机		台	1	
2	水平仪		台	1	
3	钢锹		把	4	
4	钢管		条	4	
5	压接钳		台	1	
6	铁铲		把	4	
7	梯子		把	2	
8	绳索		条	4	
9	吊车		辆	1	
10	电缆头制作工具		套	1	
二、试验机具类					
1	高压绝缘电阻表		台	1	
三、安全工器具类					
1	接地线		组	2	
2	高压验电器		只	1	
3	绝缘手套		对	1	
4	绝缘鞋		双	1	
5	安全带		条	8	
6	登高板		副	8	
7	围栏		只	20	
四、辅助类					
1	常用手工具		套	12	
注：1. 外协单位如不满足该配置标准的由外协单位自行购买补齐。 2. 设计院、监理公司参照工作性质自行考虑配置。					

表 1-14　外协应急抢险队伍工器具及应急物资配置标准（高、低压电缆头制作）

序号	器具或物资名称	规格型号	单位	配置数量	备注
一、施工机具类					
1	压接工具		套	2	
2	电缆剪		套	2	
3	排风扇		台	2	
4	打钉枪		套	1	
5	液化气		瓶	1	

续表

序号	器具或物资名称	规格型号	单位	配置数量	备注
6	液化气喷枪		套	1	
二、试验机具类					
1	高压绝缘电阻表		块	1	
三、安全工器具类					
1	高压验电器		只	1	
2	绝缘手套		对	1	
3	绝缘靴		双	1	
4	围栏		只	6	
四、辅助类					
1	常用手工具		套	2	
注：1. 外协单位如不满足该配置标准的由外协单位自行购买补齐。 2. 设计院、监理公司参照工作性质自行考虑配置。					

表 1-15　外协应急抢险队伍工器具及应急物资配置标准（箱式变压器安装）

序号	器具或物资名称	规格型号	单位	配置数量	备注
一、施工机具类					
1	电焊机		台	1	
2	水平仪		台	1	
3	钢锹		把	4	
4	发电机（5kW）		台	1	
5	吊车		辆	1	
6	切割机		台	1	
7	手电钻		把	1	
8	冲击钻		把	1	
9	绞磨机		台	1	
10	电缆头制作工具		套	2	
二、试验机具类					
1	万用表		块	1	
三、安全工器具类					
1	高压绝缘电阻表		块	1	
2	低压绝缘电阻表		块	1	
3	高压验电器		只	1	
4	低压验电器		只	1	

续表

序号	器具或物资名称	规格型号	单位	配置数量	备注
5	绝缘手套		对	1	
6	高压接地线		组	2	
7	低压接地线		组	4	
8	围栏		只	40	
四、辅助类					
1	常用手工具		套	6	
注：1. 外协单位如不满足该配置标准的由外协单位自行购买补齐。 2. 设计院、监理公司参照工作性质自行考虑配置。					

表 1–16　外协应急抢险队伍工器具及应急物资配置标准（环网柜安装）

序号	器具或物资名称	规格型号	单位	配置数量	备注
一、施工机具类					
1	电焊机		台	1	
2	水平仪		台	1	
3	钢锹		把	4	
4	千斤顶		个	2	
5	梯子		把	1	
6	吊车		辆	1	
7	切割机		台	1	
8	手电钻		台	1	
9	冲击钻		把	1	
10	绞磨机		把	1	
11	电缆头制作工具		套	2	
二、试验机具类					
1	万用表		块	1	
三、安全工器具类					
1	高压绝缘电阻表		块	1	
2	高压验电器		只	1	
3	绝缘手套		对	1	
4	绝缘鞋		对	1	
5	高压接地线		组	1	
6	围栏		只	20	
四、辅助类					
1	常用手工具		套	6	

续表

序号	器具或物资名称	规格型号	单位	配置数量	备注
注：1. 外协单位如不满足该配置标准的由外协单位自行购买补齐。 2. 设计院、监理公司参照工作性质自行考虑配置。					

表 1–17　外协应急抢险队伍工器具及应急物资配置标准（成套配电柜安装）

序号	器具或物资名称	规格型号	单位	配置数量	备注
一、施工机具类					
1	焊接工具		台	1	
2	水平仪		台	1	
3	钢锹		把	4	
4	千斤顶		个	2	
5	梯子		把	2	
6	吊车		辆	1	
7	切割机		台	1	
8	手电钻		台	1	
9	冲击钻		台	1	
10	液压运输车		辆	1	
11	套筒扳手		套	1	
12	电缆头制作工具		套	2	
二、试验机具类					
1	万用表		块	1	
三、安全工器具类					
1	低压绝缘电阻表		块	1	
2	低压验电器		只	1	
3	绝缘手套		对	1	
4	绝缘鞋		对	1	
5	接地线		组	2	
6	围栏		只	20	
四、辅助类					
1	常用手工具		套	10	
注：1. 外协单位如不满足该配置标准的由外协单位自行购买补齐。 2. 设计院、监理公司参照工作性质自行考虑配置。					

1.3.3 应急物资调用需求表（模板）

应急物资调用需求表（模板）见表 1-18。

表 1-18　　应急物资调运需求表

序号	需求单位	设备 / 工具名称	数量	到达地点	到位时间

1.3.4 应急装备调用需求表（模板）

应急装备调用需求表（模板）见表 1-19。

表 1-19　　应急装备调用需求表

序号	需求单位	应急装备名称	型号	数量	到达地点	到位时间

1.4 抢险值班安排

抢险值班安排见图 1-11。

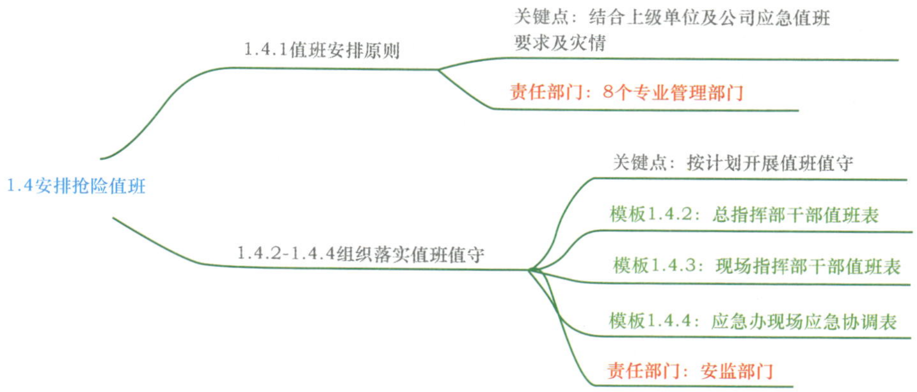

图 1-11　抢险值班安排

1.4.1 灾后抢险救灾值班安排工作指引

1.4.1.1 灾后抢险救灾总指挥部原则上要求各部门主要负责人带班在岗值班，公司启用应急指挥中心值守后在新洲大楼 3 楼应急指挥中心带班值守。

1.4.1.2 灾后抢险救灾现场指挥部原则上要求当天值班的值班干部及值班联络员不得离开现场指挥部，如确实因特殊原因要临时离开，务必安排专人替代。

1.4.1.3. 灾后抢险救灾现场指挥部原则上要求当天值班的应急办值班干部及值班联络员不得离开现场指挥部，如确实因特殊原因要临时离开，务必安排专人替代。

1.4.2 灾后抢险救灾总指挥部指挥干部值班表（模板）

灾后抢险救灾总指挥部指挥干部值班表（模板）见表 1–20。

表 1–20　　灾后抢险救灾总指挥部指挥干部值班表

序号	部门	带班值班人员		在岗值班人数	带班值班人员		在岗值班人数	备注
		姓名	手机		姓名	手机		
		×× 日 8：30–18：00			×× 日 18：00– 日 8：30			
1	应急指挥中心总指挥 / 副总指挥							
2	安监部门							
3	生技部门							
4	调度部门							
5	市场部门							
6	物资部门							
7	行政部门							
8	信息部门							
9	宣传部门							
注：1. 原则上要求各部门主要负责人带班在岗值班，公司启用应急指挥中心值守后在新洲大楼 3 楼应急指挥中心带班值守。 2. 各单位值班餐饮服务需求可与属地食堂联系安排。								

1.4.3 灾后抢险救灾现场指挥部指挥干部值班表（模板）

灾后抢险救灾现场指挥部指挥干部值班表（模板）见表 1–21。

表 1–21　　灾后抢险救灾现场指挥部指挥干部值班表

序号	日期	值班干部		值班联络员		在岗值班人数	备注
		姓名	手机	姓名	手机		

续表

序号	日期	值班干部		值班联络员		在岗值班人数	备注
		姓名	手机	姓名	手机		

1.4.4 灾后抢险救灾应急办现场应急协调值班表（模板）

灾后抢险救灾应急办现场应急协调值班表（模板）见表 1-22。

表 1-22　　灾后抢险救灾应急办现场应急协调值班表

序号	日期	应急办值班干部		应急办值班联络员		应急办在岗值班人数	备注
		姓名	手机	姓名	手机		

1.5 后勤保障

后勤保障见图 1-12。

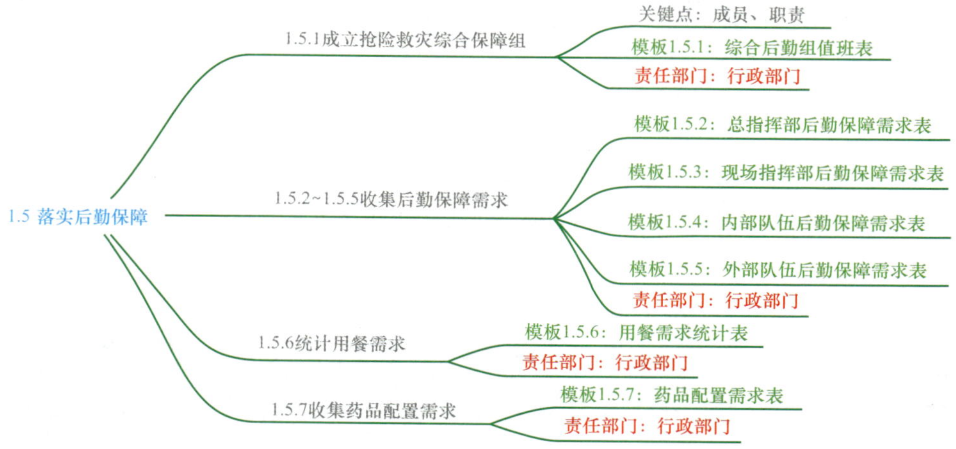

图 1-12　后勤保障

1.5.1 后勤保障工作指引

1.5.1.1 进入灾后抢险救灾阶段，按照电网企业抢险救灾总体工作部署，行政部门成立抢险救灾综合保障组，下设安保、物业、后勤综合、车辆、小型基建五个专业，由综合保障组统一指挥、协调和部署抢险工作。

1.5.1.2 直属各单位行政部门根据区域受灾严重程度，以属地化为主，充分发挥主体责任，由抢险救灾综合保障组决定是否成立电网企业抢险前线综合保障组，在确保安全、天气条件允许的前提下全力以赴保障生产一线人员的综合后勤需求。

1.5.1.3 安排后勤保障人员（包括各单位后勤管理人员和物业、餐饮管理等辅助保障人员）做好值班，为应急指挥和抢修提供相关后勤保障。

1.5.1.4 组织做好应急抢修车辆保障。做好车辆和驾驶人员的调度，加强对应急保障期间车辆使用监控和检查，坚决防止发生酒后驾车、违规使用公车等行为，全力保障做好应急抢修运输。

1.5.1.5 组织做好值班、抢险人员用餐以及后勤物资等保障工作。协调做好应急抢修和值班人员用餐、临时住宿、医疗急救等服务保障，为应急抢修和值班人员创造良好的抢险、值班条件，为电网企业应对台风等各项应急处置工作提供坚强、有力保障。

1.5.1.6 值班表

值班表见表 1-23。

表 1-23　　应急指挥人员值班表

应急指挥人员值班表（综合保障组）							
序号	部门科室	带班值守人员姓名	手机	在岗值班人数	带班值守人员姓名	手机	在岗值班人数
		时间：× 月 × 日，× 时至 × 时			时间：× 月 × 日，× 时至 × 时		
1	综合保障组组长	×××			×××		
2	安保	×××			×××		
3	物业	×××			×××		
4	车辆	×××			×××		
5	综合保障	×××			×××		
6	小型基建	×××			×××		

1.5.2 总指挥部后勤保障需求表（模板）

总指挥部后勤保障需求表（模板）见表 1-24。

表 1-24　总指挥部后勤保障需求表

序号	专业	内容	数量	负责人	备注
	安保				
	物业				
	车辆				
	综合保障				
	小型基建				

1.5.3 现场指挥部后勤保障需求表（模板）

现场指挥部后勤保障需求表（模板）见表 1-25。

表 1-25　现场指挥部后勤保障需求表

序号	专业	内容	数量	负责人	备注
	安保				
	物业				
	车辆				
	综合后勤				
	小型基建				

1.5.4 灾后抢险救灾内部应急队伍后勤保障需求表（模板）

灾后抢险救灾内部应急队伍后勤保障需求表（模板）见表 1-26。

表 1-26　现场指挥部后勤保障需求表

序号	专业	内容	数量	负责人	备注
	安保				
	物业				
	车辆				
	综合保障				
	小型基建				

1.5.5 灾后抢险救灾外部应急队伍后勤保障需求表（模板）

灾后抢险救灾外部应急队伍后勤保障需求表（模板）见表 1-27。

表 1-27　　灾后抢险救灾外部应急队伍后勤保障需求表

序号	专业	内容	数量	负责人	备注
	安保				
	物业				
	车辆				
	综合后勤				
	小型基建				

1.5.6 应急抢险现场餐饮统计表（模板）

应急抢险现场餐饮统计表（模板）见表 1-28。

表 1-28　　应急抢险现场餐饮统计表

应急抢险现场餐饮统计表			
部门（单位）		用餐时间	年　月　日
用餐信息	1. 用餐原因： 2. 用餐人数： 3. 联系人姓名：　　电话：		
用餐餐次	早餐　午餐　晚餐		
用餐食堂			
部门（单位）盖章 日期：　年　月　日			

1.5.7 应急抢险现场医疗药品配置需求表（模板）

应急抢险现场医疗药品配置需求表（模板）见表 1-29。

表 1-29　　应急抢险现场医疗药品配置需求表

序号	急救药品	单位	数量	申请单位	审核批准人
1	创可贴	包			
2	棉签	包			
3	胶布	卷			
4	双氧水	瓶			
5	×××				

2 | 现场实施

2.1 现场指挥部

现场指挥部见图 2-1。

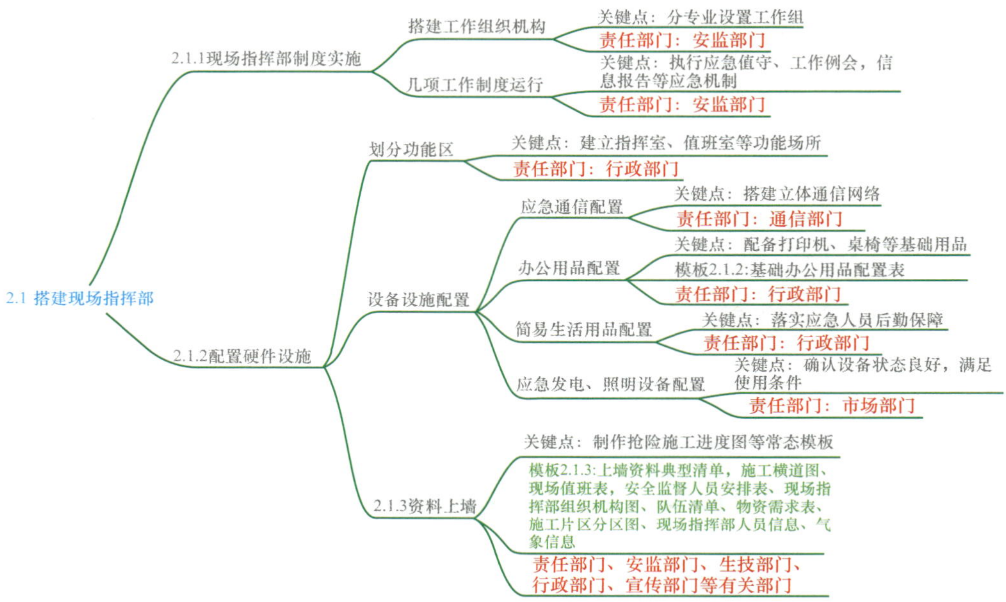

图 2-1 现场指挥部

2.1.1 现场指挥部搭建工作指引

2.1.1.1 现场指挥部设置总指挥和副总指挥，由电网企业应急指挥中心指定。各成员由现场总指挥和副总指挥指定由各相关专业部门人员构成。

2.1.1.2 现场指挥部根据实际需要，可视情况设置应急工作组，一般可下设抢修复电组、供电保障组、物资保障组、安全督导组、综合保障组、新闻舆情组等；各工作组组长由现场指挥部总指挥指定，各工作组可由各专业部门人员组成。

2.1.1.3 现场指挥部要严格执行应急值守、工作例会、信息报告、工作总结等制度。

（1）**应急值守制度：**现场指挥部办公室、各应急处置工作组设置应急值守平台，每日安排专职人员 24 小时应急值守，负责接收、传达、跟踪、督促、落实抢险总指挥部和现场指挥部各项指示、指令、任务，负责收集、汇总、整理、报送抢险救灾处置信息。

（2）**工作例会制度：**现场指挥部早晚定期召开例会，汇总当日抢险救援处置工作进展情况、人员装备设备物资投入情况，研究汇总需要现场指挥部协调解决的重要问题，部署下一步工作措施等。

（3）信息报告制度：现场指挥部办公室、各应急处置工作组，安排专职信息员，收集、整理、汇总当日现场抢险救援处置工作信息，编辑《抢险救灾工作简报》。

（4）工作总结制度：现场指挥部办公室、各应急处置工作组在现场抢险救援处置工作后期，做好抢险救援处置工作总结和反思。总结经验教训，提出整改措施，进一步提升处置能力。

2.1.2 硬件设施配置标准

2.1.2.1 现场指挥部的基础设施要求是“二室”，即指挥室、值班室。

2.1.2.2 现场指挥部设备、设施配置主要包括四个方面：

（1）应急通信设备：电话、手机、对讲机、卫星电话等。

（2）简易生活用品：饮用水、即食食品、折叠床、棉被等。

（3）应急发电（机）车、照明设备。

（4）基本办公用品：打印机、传真机、电脑、办公桌、椅、应急灯、手电、公告牌、办公用笔、纸张等。

抢险救灾现场指挥部搭建物品配置标准可参考表 2-1。

表 2-1　抢险救灾现场指挥部搭建物品配置标准

抢险救灾现场指挥部搭建物品配置标准			
序号	名 称	单位	配置数量
1	投影仪	台	1
2	投影布	块	1
3	纸张（A4，盒）	箱	5
4	纸张（A3，盒）	箱	2
5	油性笔	支	5
6	小白板	个	1
7	白板笔	支	5
8	文件夹	个	30
9	剪刀	把	2
10	纸刀	把	1
11	笔记本	本	30
12	签字笔	支	30
13	铅笔	支	30
14	荧光笔	支	30
15	胶水	支	15
16	订书器、订书钉	个	10

续表

序号	名 称	单位	配置数量
17	回形针	盒	10
18	复印机	台	1
19	排插	个	10
20	传真机	台	1
21	彩色打印机	台	2
22	打印机墨盒	个	10
23	扫描仪	台	1
24	笔记本电脑	台	1
25	3G/4G 上网卡	个	1
26	充电宝	个	10
27	手机充电器（线）	套	10
28	指挥部帐篷	个	2

2.1.3 上墙资料

上墙资料见表 2-2。

表 2-2 上墙资料

序号	资料名称	负责部门	备注
1	现场指挥部 VI 标识	宣传部门	
2	施工进度横道图	生技部门	
3	现场指挥部值班表	安监部门	
4	现场安全监督人员安排表	安监部门	
5	现场指挥部机构图	安监部门	
6	应急队伍清单	生技部门	
7	近期物资需求表	生技部门	
8	应急抢险施工片区分布图	生技部门	
9	现场指挥部人员信息表	安监部门	
10	每周及每日气象信息	安监部门	

（1）制作“××电网企业灾后抢修复电现场指挥部”标识（带国家电网或南方电网 VI 标识），宣传部门负责制作。

（2）施工进度横道图（生技部门负责制作和完善），见表 2-3。

表 2-3　　施工进度横道图

单位	电压等级	设备设施名称	进度情况（横道图）		计划完成时间	实际完成时间
区电网企业	施工对象电压等级	具体名称（双重编号和地址）		百分比	具体时间	具体时间

（3）现场指挥部值班表（由安监部门负责统计安排）。

现场指挥部值班表（由安监部门负责统计安排）见表 2-4。

表 2-4　　现场指挥部值班表

序号	日期	值班干部		值班联络员		在岗值班人数	备注
		姓名	手机	姓名	手机		
	持续至抢险救灾工作结束	具体指挥人员	长号	具体协调联络人员	长号	总体值班人数	其他事项

（4）现场安全监督人员安排表（由安监部门负责统计安排）。

现场安全监督人员安排表（由安监部门负责统计安排）见表 2-5。

表 2-5　　电网企业抢险救灾现场安全督导工作组人员安排

电网企业抢险救灾现场安全督导工作组人员安排				
层级	组别	职责	督导组名单	联系方式
供电企业层面	安全督导组	发布电网企业层面抢修安全工作提示、收集各层级抢修作业计划信息，制定电网企业层面抢修作业过程安全监督计划并实施现场督导	组长：	
			组员：	
各基层单位层面	输电督导组	发布本单位抢修安全工作提示、收集本单位抢修作业计划并上报电网企业安全督导组，制定本单位抢修作业过程安全监督计划并实施现场安全监督，按要求反馈本单位抢修作业现场安全监督情况	组长：	
			组员：	
			组员：	
	变电督导组		组长：	
			组员：	
			组员：	
	区电网企业督导组		组长：	
			组员：	
			组员：	
施工队伍层面	×× 公司督导组	发布本单位抢修安全工作提示、收集本单位抢修作业计划并上报电网企业安全督导组，制定本单位抢修作业过程安全监督计划并实施现场安全监督，按要求反馈本单位抢修作业现场安全监督情况	组长：	
			组员：	

（5）现场指挥部机构图（由安监部门负责制作）。

现场指挥部机构图（由安监部门负责制作）见图 2-2。

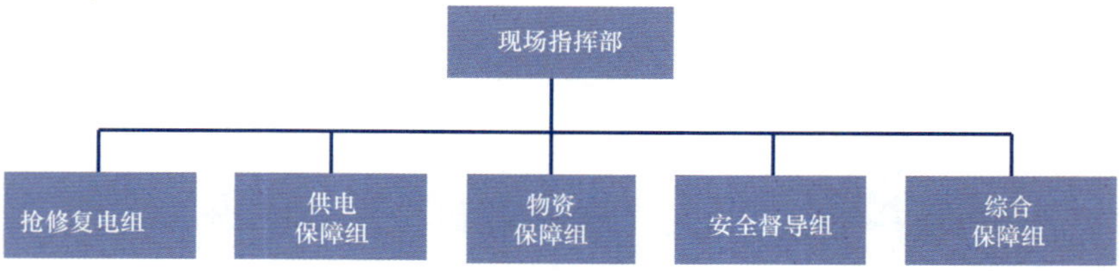

图 2-2　现场指挥部机构图（一）

■ **总指挥人员及职责：**×××。职责：①接受各组组长汇报；②重大问题协调决策。

■ **副总指挥人员及职责：**×××。职责：①协助总指挥开展重大问题协调决策；②总指挥离开工作岗位时，具体履行总指挥职责。

■ **抢修复电组人员名单及职责：**×××。职责：①负责应急抢修队伍的组织和调配；②负责发电设备的调配工作；③负责确定抢修方案、作业表单和施工作业票。

■ **供电保障组人员名单及职责：**×××。职责：①统筹组织协调用户应急电力供应工作；②负责了解用户电力设施受损情况，紧急制定并落实对重点场所及用户的保供电措施；③通过服务热线获取用户停电信息，及时传递到应急办，定时统计报送，重大信息及时上报。

■ **物资保障组人员名单及职责：**×××。职责：①负责抢修物资的应急采购工作；②负责确保应急斯间应急物资的调拨与配送。

■ **安全督导组人员名单及职责：**×××。职责：①承担应急指挥中心办公室职责，负责应急总体协调；②抢修作业现场安全监管；③统计上报因灾损失表，每日组织编制并发布简报。

综合保障组人员名单及职责：×××。职责：①负责灾害发生期间的应急后勤工作；②负责新闻宣传工作，负责对外发布抢险救灾有关报告、报道和通报。

图 2-2　现场指挥部机构图（二）

（6）应急队伍清单（由生技部门统计并反馈安监部门备案）。

应急队伍清单（由生技部门统计并反馈安监部门备案）见表 2-6。

表 2-6　**应急队伍清单**

序号	单位	队伍负责人	联系方式	专业	总人数
	内外部队伍所属单位	带队负责人	手机号	主配网	包括管理和施工人员
总计					

（7）近期物资需求表（由各生产单位填写，生技部门收集统计并反馈物资部门）。

近期物资需求表（由各生产单位填写，生技部门收集统计并反馈物资部门）见表 2-7。

表 2-7　**近期物资需求表**

序号	需求单位	物资装备名称	型号	数量	到达地点	到位时间
	各生产单位	具体名称	具体型号		具体配送地点	要求到达现场的时间

（8）应急抢险施工片区分布图（生技部门组织编制）。

根据现场实际由设计院协助编制并上墙。

（9）现场指挥部人员信息表（安监部门负责收集统计详细人员信息）。

现场指挥部人员信息表（安监部门负责收集统计详细人员信息）见表 2-8。

表 1-37　　现场指挥部人员信息表

序号	部门（单位）	姓名	工作岗位	手机长号	备注

（10）每周及每日气象信息（由安监部门或三防管理部门统筹发布）。

每周及每日气象信息（由安监部门或三防管理部门统筹发布）见图 2-3。

■ **本周天气持续炎热，**××月××~××月××日晴天到多云，中午前后阳光猛烈，最高气温持续在××℃左右。××月××日~××日（周末）多云，部分时间有阵雨或雷阵雨

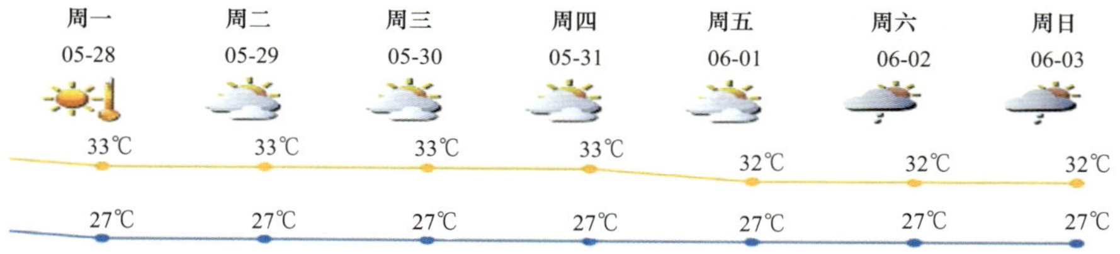

图 2-3　每周及每日气象信息

2.2 设备运维

设备运维见图 2-4。

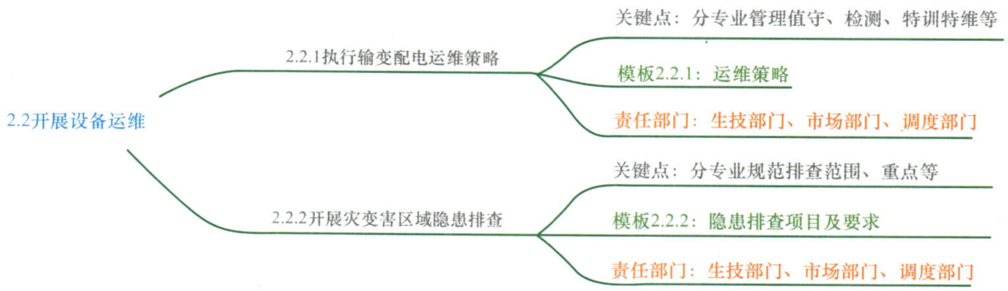

图 2-4　设备运维

2.2.1 灾害区域电力设备设施运维原则和巡视维护策略

灾害区域电力设备设施运维原则和巡视维护策略见表 2-9。

表 2-9　　运维类别及内容

设备类别	运维类别及内容	
输电线路	特巡	每天 1 巡
	检测	（1）对线路导线连接部位进行 1 次红外检测； （2）对电缆线路终端接头和非直埋式中间接头进行 1 次红外检测； （3）对线路重要交叉跨越进行 1 次复核； （4）对巡视发现温升异常、绝缘子破损、接续金具连接不良等需进行登杆复查
	值守	对黑点档案中危及线路运行的重大及紧急隐患，安排人员值守，直至隐患解除
变电设备	特巡	每天开展 1 次特巡
	专业巡视	专业巡视有效期外，开展 1 次专业巡视
	值守	检修、继保、运行专业人员 24 小时在涉及风险的重要变电站值守
	检测	（1）对于以下检测项目，若在电网风险生效前 3 个月内尚未开展，则在风险生效前开展 1 次以下检测工作：对触点、引线接头、主变压器套管、敞开式断路器灭弧室、隔离开关瓷柱上端铸件与第一片伞群连接处、瓷柱本体及 MOA 本体、复合绝缘子进行 1 次精确红外检测； （2）对于以下检测项目，若在电网风险生效前 1 年内尚未开展，则在风险生效前开展 1 次以下检测工作：隔离开关瓷柱机械波探伤检测、GIS 局部放电检测、MOA 泄漏电流带电测试； （3）跟踪主变压器油色谱在线监测数据变化情况
配电设备	特巡	每天 1 巡
	专业巡视	专业巡视有效期外，开展 1 次专业巡视
	值守	对黑点档案中危及线路运行的重大及紧急隐患，安排人员值守，直至隐患解除
	检测	（1）对设备连接部位进行 1 次红外检测； （2）对环网柜、变压器、断路器柜等配电设备进行 1 次红外检测； （3）对配电设备 GIS 局部放电检测、MOA 泄漏电流带电测试

2.2.2 灾害区域电力设备设施隐患排查要求

灾害区域电力设备设施隐患排查要求见表 2-10。

表 2-10　　隐患排查项目及内容

设备类别	隐患排查项目及内容	
输电线路	铁塔、线路本体	检查输电铁塔是否存在变形；检查导、地线是否散股、断股，线夹位置是否磨损、断股、位移；检查挂点金具是否磨损、变形；检查避雷器是否位移、破损，检查绝缘子是否破损、偏移；检查 ADSS 是否位移、破损，附属设施（如标识牌、航空球等）是否位移、缺失
	跳闸线路检查	针对发生过跳闸的线路，应检查耐张塔引流线及对应塔身位置是否存在放电痕迹。该工作结合故障精确定位开展
	电缆检查	检查电缆隧道是否存在渗漏水，排水装置是否运行正常；检查电缆终端塔及电缆终端站围墙是否倾斜，电缆接头、避雷器是否破损、倾斜
	在线监测装置检查	检查在线监测装置运行是否正常，检查环境及视频监控装置是否正常
	基础检查	检查线路杆塔基础是否存在裂纹、破损，周围是否存在滑坡、倒树、外飘物隐患；检查护坡、挡土墙、排水沟是否完好，以及排水设施是否堵塞
变电设备	站内隐患排查	检查场地内、设备、房屋屋顶上是否有外飘异物，高压室、主控室、架构等设施是否破损、开裂、渗漏、进水等情况，排水装置是否运行正常；检查空调系统运行是否正常，排水管是否存在堵塞。电缆层是否有进水情况，电缆沟是否存在积水。检查标识牌是否缺失、门窗是否完好
	站外隐患排查	检查变电站围墙、护坡、挡土墙是否完好，变电站周围是否存在滑坡、倒树、外飘物等隐患（可使用无人机开展排查）。检查站内外排水设施是否通畅无堵塞等情况
	设备隐患排查	重点检查断路器、隔离开关支柱绝缘子、支撑瓷柱、变压器套管等瓷质设备是否存在破损、裂纹等异常情况，并对上述设备进行机械波探伤检测（除变压器套管等安全距离不足设备）。如发现异常，需进行 X 光探伤复测
	操作要求	在完成瓷柱普测前，如敞开式隔离开关需要进行操作，需在操作前进行外观检查和机械波探伤检测，并尽量避免手动操作。操作过程中监护人应密切注意隔离开关变位过程，出现异常应及时采取停止操作等应急措施，确保人身安全
	其他检查	检查端子箱是否受潮、进水、严重腐蚀；检查在线监测装置运行是否正常，检查环境及视频监控装置是否正常
配电设备	铁塔、电杆、台架	检查铁塔、电杆、台架是否存在变形；检查导、地线是否散股、断股，线夹位置是否磨损、断股、位移；检查挂点金具是否磨损、变形；检查绝缘子是否破损、偏移；检查 ADSS 是否位移、破损，附属设施（如标识牌、航空球等）是否位移、缺失
	配电房隐患排查	检查配电房内设备、屋顶上是否破损、开裂、渗漏、进水等情况，排水装置是否运行正常；检查通风是否正常。电缆层是否进水情况，电缆沟是否存在积水。检查标识牌是否缺失、门窗是否完好
	户外设备隐患排查	检查户外设备周围是否存在滑坡、倒树、外飘物等隐患（可使用无人机开展排查）。检查户外设备基础有无破裂等情况
	其他检查	检查 DTU 是否受潮、进水、严重腐蚀；检查在线监测装置运行是否正常

2.3 灾情勘查

灾情勘查见图 2-5。

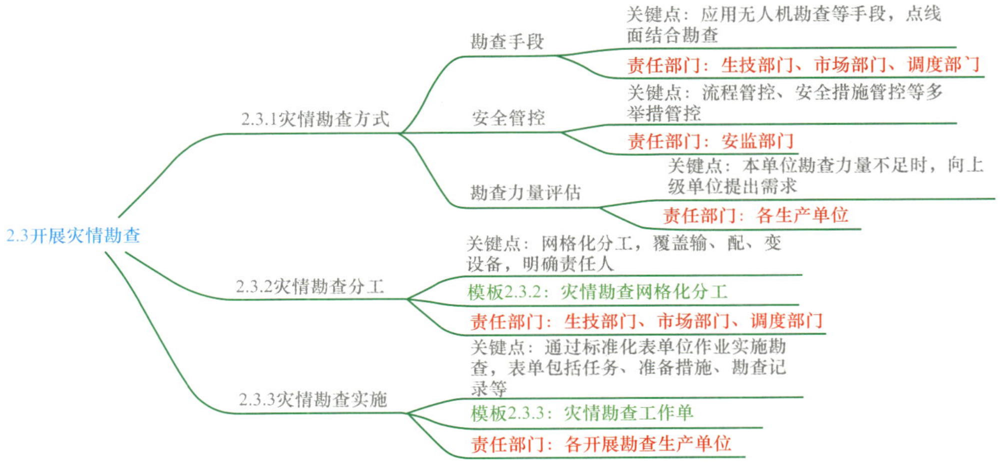

图 2-5　灾情勘查

2.3.1 灾情勘查方式及工作指引

灾情勘查方式主要有无人机巡视、人工巡视、在线监测巡视、试验检测等 4 种方式，受灾单位原则上应在抢修任务分派前完成灾情勘查工作，当本单位力量不足时，可向支援单位应急队伍申请灾情勘查协助。

灾情勘查协助工作应做好现场安全交底，并在受灾单位设备运维班组人员的带领下开展，过程中应按照灾情勘查工作单做好相关记录。

灾情勘查过程中，勘查人员应始终认为线路及设备带电，不得擅自处理任何故障；如发现因受灾设备影响，危及人身和财产安全等紧急情况时，在确保安全的情况下可采取紧急措施切断电源，采取紧急措施后应及时汇报；对不能自行处理的，应立即汇报并做好临时安全措施，等待处理。

2.3.2 灾情勘查网格化分工（模板）

灾情勘查网格化分工（模板）见表 2-11。

表 2-11　　灾情勘查网格化分工

设备类别	灾情勘查方式	勘查负责单位	勘查负责人
输电线路	无人机巡视		
	人工巡视		
	在线监测巡视		

续表

设备类别	灾情勘查方式	勘查负责单位	勘查负责人
变电设备	无人机巡视		
	人工巡视		
	在线监测巡视		
	试验检测		
配电设备	无人机巡视		
	人工巡视		
	在线监测巡视		
	试验检测		

2.3.3 灾情勘查工作单（模板）

灾情勘查工作单（模板）见表 2-12。

表 2-12 灾情勘查工作单

<table>
<tr><td>支援单位班组</td><td colspan="2"></td><td>作业设备所属运行单位</td><td></td></tr>
<tr><td>工作任务</td><td colspan="4"></td></tr>
<tr><td>勘查时间</td><td colspan="2">年 月 日</td><td>勘查范围</td><td></td></tr>
<tr><td>勘查人员签名</td><td colspan="4">勘查人员共计_____人。工作负责人：________________。
运行单位勘查人员：__________________________。
支援单位勘查人员：__________________________。</td></tr>
<tr><td colspan="5">一、勘查准备</td></tr>
<tr><td rowspan="2">出发前准备</td><td>工器具</td><td colspan="3">望远镜 确认（ ）、数码照相机 确认（ ）、个人工具 确认（ ）、PDA 确认（ ）
其他_______</td></tr>
<tr><td>资料</td><td colspan="3">单线图 确认（ ）、线路或台区（低压线路）路径图 确认（ ）
其他_______</td></tr>
</table>

续表

风险评估及风险预控措施	触电	（1）沿线路外侧行走，大风应沿线路上风侧行走； （2）发现导线断落地面或悬吊空中，应设法防止行人靠近断线点 8m 以内，并迅速报告领导，等候处理； （3）单人巡视过程严禁攀登杆塔，禁止修剪可能触及带电设备的树木	确认（ ）
	坠落	（1）巡视时禁止攀登树木和杆塔； （2）偏僻山区、夜间巡线时必须两人进行，选择恰当的巡视路径，防止失足跌落及山泥倾泻	确认（ ）
	交通意外	（1）恶劣天气，特别要做好出车前的检查； （2）夜间巡视需穿着反光衣	确认（ ）
	溺水	过河时，不得趟（游）不明深浅的水域，过桥时要提防桥有坍塌危险，要小心防止落水	确认（ ）
	其他	（1）灾情勘查过程中，勘查人员应始终认为线路及设备带电，不得擅自处理任何故障； （2）如发现因受灾设备影响，危及人身和财产安全等紧急情况时，应及时汇报并做好临时安全措施，等待处理	确认（ ）
	新增风险及控制措施		确认（ ）
	作业人员清楚工作任务和作业环境情况		确认（ ）
周边环境和交通特点			确认（ ）
			确认（ ）
			确认（ ）
			确认（ ）
二、灾情记录			
1			
2			
3			
4			
5			
6			
7			
⋮			

2.4 施工前准备

施工前准备见图 2-6。

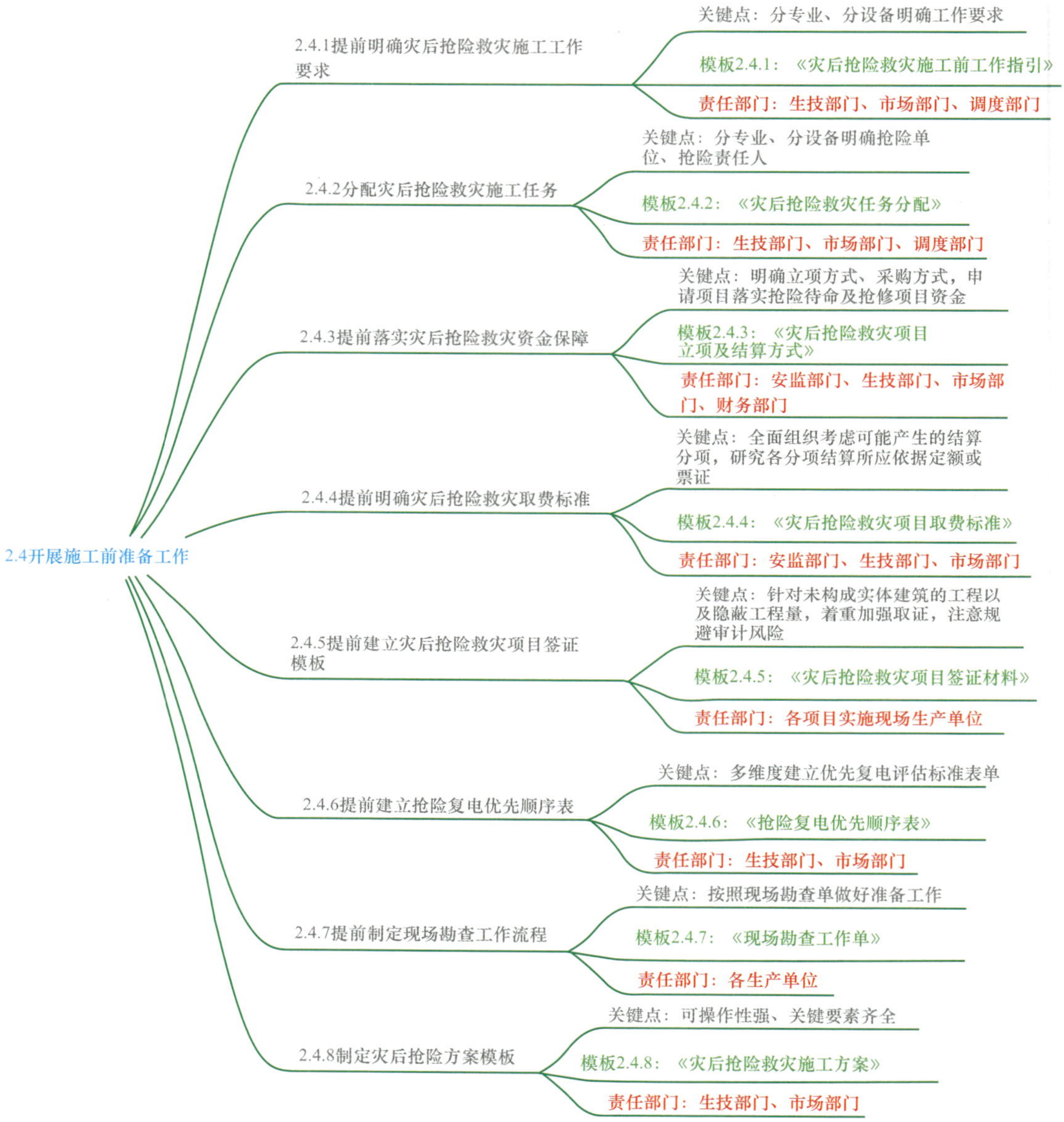

图 2-6 施工前准备

2.4.1 灾后抢险救灾施工前工作指引

灾后抢险救灾施工前应进行全面安全风险评估，并落实风险控制措施。明确灾后抢修复电工作责任范围、结算方式和取费标准，准备好相关签证材料模板，根据风险评估制定详尽的灾后抢修复电实施方案，按照抢险复电优先顺序开展抢险复电工作。

2.4.1.1 作业前准备

重点风险：外力外物致伤、高处坠落。

风险控制主要措施：

（1）检查安全帽、安全带、工作服、工作鞋是否完好有效。

（2）正确佩戴安全帽、安全带，正确穿着工作服、工作鞋。

2.4.1.2 布置现场围蔽、警示标志

重点风险：触电、外力外物致伤、车辆伤害。

风险控制主要措施：

（1）在高处作业范围以及高处落物的伤害范围须围蔽，设置“禁止通行”安全警示标志，并设专人进行安全监护，防止无关人员进入作业范围和落物伤人。

（2）施工作业需占用机动车道时，必须在来车方向前 50m 的机动车道上设置交通警示牌，并将工作现场围蔽。

（3）夜间不能恢复道路原来状态时，应在警示牌上方悬挂红色警示灯。

（4）在公路或公路旁进行施工作业的工作人员，必须穿反光衣。路面应设置警示标志。

2.4.1.3 安全技术交底

重点风险：触电、误操作。

风险控制主要措施：

（1）抢修工作（含低压抢修）开工前，运行单位必须安排熟悉线路、设备情况的人员对外施工单位现场工作负责人进行全面的安全技术交底。

（2）抢修工作开工前，施工单位现场工作负责人必须向工作班成员宣讲工作票或施工方案内容，使参加工作的每个成员都知道工作时间、工作地点、工作内容、停电范围、邻近带电部位，交待现场安全措施、注意事项，明确分工和责任；做到所有工作人员明白后，方可开始工作。

2.4.1.4 停电

重点风险：触电、误操作。

风险控制主要措施：

（1）断开可能送电到工作地段的各端断路器、隔离开关和熔断器，断开后在操动机构悬挂“线路有人工作，禁止合闸”标示牌。

（2）断开危及作业的交叉跨越、平行或同杆线路的断路器、隔离开关和熔断器。

2.4.1.5 验电

重点风险：触电、误操作。

风险控制主要措施：

（1）在停电线路工作地段装接地线前，要先验电，验电使用试验合格的相应电压等级专用验电器。

（2）验电时，应戴绝缘手套，并有专人监护。

2.4.1.6 接地

重点风险：触电。

风险控制主要措施：

（1）严禁未经验明确无电压就挂接地线或合接地开关。

（2）凡有可能送电到工作地段的各来电侧，必须有效接地。

（3）若有感应电压反映在停电线路上时，应加挂接地线。

（4）装、拆接地线要严格按工作规定执行。注意人体不得碰触接地线，应“先装接地端、先拆带电端”并保持相应电压等级的安全距离。

（5）防止用户乱接线或使用没有双投隔离开关闭锁上网的小型自备发电机从低压侧反送电，危及配网作业人员人身安全。所有低压用户，均应视为可以反送电的电源，必须采取防止反送电的安全措施。

2.4.1.7 工作许可

重点风险：触电、误操作。

风险控制主要措施：

（1）在开始工作前，必须履行许可手续。

（2）发生严重危及人身或设备安全情况，可以不经许可立即断开电源，但事后应立即报告上级。

（3）同一条 10kV 线路只允许设置 1 个工作许可人，施工单位在办理许可手续之前必须先征得该线路“现场总安全监护人”的同意。

2.4.1.8 施工电源

重点风险：触电。

风险控制主要措施：

（1）临时电源应使用有漏电保安器和插座的电源架（放线盘）。

（2）严禁用导线直接插入插座取得电源，插座与插头应配套、完好无损。

（3）电气设备和各类电动工具，其电机外壳必须有良好的接地。

2.4.1.9 运输

重点风险：外力外物致伤、车辆伤害。

风险控制主要措施：

（1）车辆不得超载、人货混载，运输电杆、变压器和线盘必须绑扎牢固，防止滚动、移动伤人。

（2）装卸电杆应防止散堆伤人。

（3）多人抬杆必须同肩，步调一致，起放电杆时应互相呼应。

（4）凡用绳子牵引水泥杆上山，必须将水泥杆绑牢，钢丝绳不得触磨地面，爬山路线两侧5m 以内，不得有人停留或通过。

2.4.1.10 起重

重点风险：外力外物致伤。

风险控制主要措施：

（1）起重机械和起重工具的工作荷重不准超过铭牌规定。

（2）起重作业前，应对钢丝绳、滑车等进行常规外观检查，确保其性能良好。

（3）起重作业应专人指挥，并按规定的指挥信号、手势进行指挥。起重前必须先鸣喇叭，或向现场工作人员发出明确信号。

（4）现场工作人员和指挥人员应站在安全地方，防止被吊物件坠落伤人。

2.4.1.11 立、撤杆（塔）工作

重点风险：外力外物致伤、坍塌。

风险控制主要措施：

（1）在杆根附近挖基础，应做好预防基坑塌方措施，防止基坑塌方引起杆根下沉造成的倒杆事故。

（2）立、撤杆要设专人统一指挥。

（3）立杆过程杆坑内严禁有人。除指挥人及指定人外，其他人员必须在远离杆下 1.2 倍杆高的距离以外。

（4）立杆及修整杆坑时，应采用叉杆和拉绳控制防止杆身滚动、倾斜。

（5）使用吊车立、撤杆时，钢丝绳套应吊在杆的适当位置以防止电杆突然倾倒。

（6）电杆起离地面后，应对各吃力点做一次全面检查，确无问题再继续起立，起立 60°后应减缓速度，控制好后侧头部拉绳，防止过牵引。

2.4.1.12 杆（塔）、台架上工作

重点风险：触电、外力外物致伤、高处坠落。

风险控制主要措施：

（1）在攀登杆塔前，必须认真核对设备名称、编号、位置，以防登错杆塔，误登其他带电杆塔。

（2）上杆前，应先检查杆根是否牢固；新立电杆在杆基未完全牢固以前，严禁攀登；遇有冲刷、起土、上拔的电杆，应先培土加固或支好杆架、或打临时拉绳后，再行上杆；凡松动导、地线，拉线的电杆，应先检查杆根，并打好临时拉线或支好杆架，再行上杆。

（3）在杆塔或设备的构件等高处作业，上、下杆塔垂直或水平转移作业等，应采用水平安全绳、速差自控器或安全自锁器、防坠落装置等安全防护措施和扶手措施。安全带应系在电杆及牢固的构件上，防止安全带从杆顶脱出。作业及转移全过程不得失去保护。

（4）在高处作业时严禁抛接物品，高处作业人员应防止碰触落物伤人，使用的工具、材料应用绳索传递。

（5）与带电导线最小距离应保证不小于安全距离，10kV 及以下距离 0.7m；35kV 距离 1m。

2.4.1.13 放线、紧线、撤线

重点风险：触电、外力外物致伤。

风险控制主要措施：

（1）放、撤线和紧线工作，应设专人统一指挥、统一信号。

（2）严禁采用突然剪断导、地线方法松线。

（3）放线、撤线前应先检查拉线、拉桩及杆根，如不能适用时应加设临时拉线加固。

（4）紧线时，应检查接续管或接线头以及滑轮、横担、跨越架、树木、房屋等有无卡住现象。工作人员不得站在导线的内角侧和上方，防止意外跑线伤人。

（5）放线、紧线、撤线必须采取有效的防导线磨刮措施，防止与其交叉跨越的带电线路、通信线路等作拉锯式磨刮损坏后引起触电事故。在拆旧线展放新导线过程中，禁止强行拉扯导线，要防止拉断导线碰触邻近带电线路引发触电事故。

2.4.1.14 砍伐树木

重点风险：外力外物致伤、高处坠落。

风险控制主要措施：

（1）不得攀登杆塔砍伐树木，树木、绳索不得接触导线，并与导线保持安全距离。

（2）上树砍剪树木时，不应攀抓脆弱和枯死的树枝。

（3）防止树木落在导线上，设法用绳索将其拉向导线相反的方向，严禁用手去取接触导线的树木。

（4）砍剪树木应有专人监护，不得有人逗留，防止砸伤行人。

2.4.1.15 工作终结

重点风险：触电、误操作。

风险控制主要措施：

（1）完工后，必须认真检查旧线路是否已经拆离，防止新旧线路混接造成人身触电伤亡事故。

（2）完工后，工作负责人（包括小组负责人）必须检查线路检修地段的状况以及在杆塔上、导线上及绝缘子上有无遗留的工具、材料等，通知并查明全部工作人员确由杆塔上撤下后，再命令拆除接地线。接地线拆除后，不准任何人再登杆进行任何工作。

（3）完工后，运行单位必须组织人员进行验收。

（4）线路上全部工作完成后，该线路“现场总安全监护人”联系线路上全部抢修点施工队伍，确认“线路上所有工作已终结，临时安全措施已全部拆除，所有人员已撤离，线路已具备复电条件”。经“现场总安全监护人”同意后，工作负责人方可办理工作终结手续。

2.4.1.16 恢复送电

重点风险：触电、误操作。

风险控制主要措施：

在设备操作复电前，工作许可人应核实线路及厂站内所有工作票已终结；联系所有工作负责人核实“所有工作已结束，临时安全措施已拆除，人员已撤离，线路已具备复电条件”。严防发生漏拆接地线（或临时地线）送电造成误操作事故。送电一旦发现问题，应立即停止操作，及时汇报并查明原因后方可再送电。

2.4.2 灾后抢险救灾施工任务分配（模板）

灾后抢险救灾施工任务分配（模板）见表 2-13。

表 2-13 灾后抢险救灾施工任务分配

设备类别	抢险救灾施工项目	抢修负责单位	抢修负责人
输电线路	铁塔抢修施工		
	线路本体抢修施工		
	电缆抢修施工		
	在线监测抢修施工		
	基础抢修施工		
变电设备	站内设施抢修施工		
	站外隐患抢修施工		
	设备抢修施工		
配电设备	台架抢修施工		
	线路本体抢修施工		
	配电设施抢修施工		
	隐患抢修施工		
	设备抢修施工		

2.4.3 灾后抢险救灾项目立项及结算方式（模板）

（1）抢险救灾项目工作职责。

（2）抢险救灾项目立项。

1）抢险救灾项目申报书。

2）抢险救灾项目审批。

（3）抢险救灾项目结算。

1）抢险救灾项目结算书编写。

2）抢险救灾项目结算审批。

2.4.4 灾后抢险救灾项目取费标准

2.4.4.1 费用计算原则

（1）费用项目和计算规定按照国家能源局颁布的《电网技术改造工程预算编制与计算规定》和《电网检修工程预算编制与计算规定》执行。

（2）定额套用执行国家能源局颁布的《电网技术改造工程预算定额》《电网拆除工程预算定额》和《电网检修工程预算定额》。

（3）装置性材料预算价格参照《电力建设工程装置性材料预算价格》执行。

（4）材料市场价格按照实际合同购置价格计算，超出部分只计取税金，汇总计入编制基准期价差。

（5）建筑安装人材机费调整按照定额站发布的人材机调整系数执行，调整金额只计取税金，汇总计入编制基准期价差。

2.4.4.2 费用调整规则

（1）20kV 及以下配电网工程。

1）建筑安装（拆除）人工费、机械费按照定额人工费、机械费乘以调整系数进行调整并参与取费，调整系数见表 2-14。

表 2-14　　架空输电线路工程调整系数表

项目划分		调整系数	
		人工	机械
架空输电线路工程	杆塔	1.6	1.5
	导地线	1.8	1.6
	附件	1.8	1.6
	杆上变压器 20kV 及以下配网装置	1.8	1.6

2）建筑安装（拆除）措施费按照规定费率乘以调整系数进行调整，调整系数见表 2-15。

表 2-15　　建筑安装（拆除）措施调整系数表

序号	取费项目	调整系数
1	临时设施费	2.4
2	施工机构转移费	
2.1	同一地区区县局内部调遣抢险承包商	1
2.2	同一地区区县局之间调遣抢险承包商	1.5
2.3	地区之间调遣抢险承包商	2.6
2.4	省际之间调遣抢险承包商	2.9

3）建筑安装（拆除）间接费按照规定费率乘以调整系数进行调整，调整系数见表 2-16。

表 2-16　　建筑安装（拆除）间接费调整系数表

序号	取费项目	调整系数
1	企业管理费	
1.1	同一地区区县局内部调遣抢险承包商	1
1.2	同一地区区县局之间调遣抢险承包商	1.5
1.3	地区之间调遣抢险承包商	2.6
1.4	省际之间调遣抢险承包商	2.9

（2）主网工程。

1）电网企业统一调拨的外援施工队伍人工单价调增 198 元 / 工日，本地施工队伍人工单价调增 132 元 / 工日，运输机械、挖掘机械和起重机械单价调增 550 元 / 台班，调增部分不参与取费。

2）措施费按《电网技术改造工程预算编制与计算规定》和《电网检修工程预算编制与计算规定》规定执行。如有特殊措施费，经受灾单位应急指挥中心审批后据实计列。

3）间接费按《电网技术改造工程预算编制与计算规定》和《电网检修工程预算编制与计算规定》规定执行。

4）拆除费用按《电网技术改造工程预算编制与计算规定》规定执行。

（3）设备费及设备材料运杂费。

1）设备价格按照供货合同价格（或协议价格）计算。

2）由项目法人单位供应设备、材料并供货到现场的，抢险承包商只计取卸车费和保管费，主设备按设备费的 0.5% 计算，其他设备按设备费的 0.7% 计算（其中 1/4 为卸车费，现场保管费为 3/4）。如材料供货商直接供货到现场，可按材料到货价计算 2% 的卸车及现场保管费（其中 0.5% 为卸车费，现场保管费为 1.5%）。

3）由项目法人单位供应设备、材料，抢险承包商组织运输到现场的，运杂费按照实际运输里程计算。

（4）其他费用。

1) 建设场地征用及清理费（检修场地租用及清理费）采用以下原则：

a. 线路施工赔偿费按照实际计算。

b. 余物清理费按照实际情况和需要清理的数量计算。

2) 项目管理费采用以下原则：

a. 工程监理费根据实际发生情况计列。

b. 其余项目管理费均不计取。

3) 项目技术服务费采用以下原则：

a. 工程勘测设计费根据实际发生情况计列。

b. 其余项目技术服务费均不计取。

4) 除上述费用外，其他费用均不计取。

（5）在抢险过程中，巡线、检查工作按运维费用计列。

2.4.4.3 配电网定额调整规则及其他

（1）架线签证应明确，若为蝶式绝缘子配线，定额子目已含安装支架，不再计取街码安装和蝶式绝缘子主材费；若沿电杆架空架设，根据实际敷设方式，无论采用横担或街码支撑，套用导线架设相应定额。

（2）线路清障按工日或台班签证。

2.4.5 灾后抢险救灾项目签证材料（模板）

灾后抢险救灾项目签证材料（模板）见表 2-17。

表 2-17　　灾后抢险救灾项目签证材料表

项目 / 标包		线路 / 配变工程名称	
建设单位（业主项目部）		设计单位	
监理项目部		施工单位	
抢险日期			

续表

<table>
<tr><td>工程建设概况</td><td colspan="3">主要工程量：
1.
2.
3.
4.
零星抢修部分：
1. 现场零星抢险工日：
2. 现场零星抢险材料：
3. 现场零星抢险车辆台班：
4. 现场零星抢险工器具台班：</td></tr>
<tr><td>建设单位（业主项目部和运行部门意见及签章）：</td><td>监理项目部（意见及签章）</td><td>监理项目部（意见及签章）</td><td>承包单位（意见及签章）</td></tr>
</table>

本表（含附件）一式____份，由验收单位填写，建设单位（业主项目部）、监理项目各____份，承包单位存____份。

2.4.6 抢险复电优先顺序表（模板）

抢险复电优先顺序表（模板）见表 2-18。

表 2-18　　抢险复电优先顺序表

序号	重要客户基本信息								供电电源情况				自备应急电源情况		电源配置符合要求情况	
									供电电源 1		供电电源 2					
	客户编号	客户名称	客户类别	供电单位	重要等级	电压等级（kV）	报装容量（kVA）	保安负荷（kW）	供电线路	上级变电站	供电线路	上级变电站	自备应急电源容量（kW）	自备应急电源配比（%）	供电电源	自备应急电源

■ **说明：**

1. 供电电源配置要求：

（1）一级重要电力用户具备两路电源供电条件，两路电源应当来自两个不同的变电站，当一路电源发生故障时，另一路电源能保证独立正常供电；

（2）二级重要电力用户具备双回路供电条件，供电电源可以来自同一个变电站的不同母线段。

2. 自备应急电源配置要求：重要电力用户应按照国家有关规定、技术规范和标准合理配置自备应急电源，自备应急电源配置应符合以下要求：

（1）自备应急电源配置容量标准应达到保安负荷的 20%；

（2）自备应急电源启动时间应满足安全要；

（3）自备应急电源与电网电源之间应装设可靠的电气或机械闭锁装置，防止倒送电。

2.4.7 现场勘查工作单（模板）

现场勘查工作单（模板）见表 2-19。

表 2-19 现场勘查工作单

________________电网企业现场作业勘查工作单

<table>
<tr><td>作业（施工）单位</td><td colspan="2"></td><td>作业设备所属运行单位</td><td></td></tr>
<tr><td>工作任务</td><td colspan="4"></td></tr>
<tr><td>勘查地点</td><td colspan="2"></td><td>勘查时间</td><td>年　月　日</td></tr>
<tr><td>勘查人员签名</td><td colspan="4">勘查人员共计______人。
工作负责人：____________________。
运行单位勘查人员：____________________。
外施工单位勘查人员：____________________。</td></tr>
<tr><td colspan="5">一、现场勘查内容记录</td></tr>
<tr><td colspan="2">勘查内容</td><td colspan="2">勘查结果</td><td>勘查记录</td></tr>
<tr><td rowspan="2">基础资料</td><td>作业范围内设备、设施、标识与图纸的一致性</td><td colspan="2"></td><td>确认（　）</td></tr>
<tr><td>不一致的是否根据现场实物已修改图纸</td><td colspan="2"></td><td>确认（　）</td></tr>
<tr><td rowspan="7">停电范围及操作设备</td><td>(1) 摸清作业地段的电源侧和负荷侧</td><td colspan="2"></td><td>确认（　）</td></tr>
<tr><td>(2) 摸清反送电可能的位置</td><td colspan="2"></td><td>确认（　）</td></tr>
<tr><td>(3) 摸清邻近或交叉的带电线路和设备。线路同杆架设，保证工作人员距 10kV 带电导线垂直距离不得小于 0.7m，邻近或交叉其他电力线路的安全距离不得小于 1.0m，与带电设备安全距离不足时应加设绝缘挡板</td><td colspan="2"></td><td>确认（　）</td></tr>
<tr><td>(4) 摸清需保留的带电设备</td><td colspan="2"></td><td>确认（　）</td></tr>
<tr><td>(5) 确定作业停电范围</td><td colspan="2"></td><td>确认（　）</td></tr>
<tr><td>(6) 确定装设地线位置，是否安装方便，并考虑若有感应电压反映在停电线路上加挂接地线的位置</td><td colspan="2"></td><td>确认（　）</td></tr>
<tr><td>(7) 核查需停电的断路器、隔离开关是否完好，核实设备名称、编号与图纸一致，确认开关外观完好、没有异味，SF_6 断路器压力无异常，开关柜带电局放试验结果无异常（试验日期与操作日期相距超过 3 个月，应重新进行局放试验）</td><td colspan="2"></td><td>确认（　）</td></tr>
</table>

续表

<table>
<tr><td rowspan="4">施工材料、机具及人员</td><td colspan="3">(1) 甲供材料及乙供材料清单（可后附）</td><td colspan="2"></td><td>确认（ ）</td></tr>
<tr><td colspan="3">(2) 车辆、机具，特种工器具</td><td colspan="2"></td><td>确认（ ）</td></tr>
<tr><td colspan="3">(3) 作业需要的作业人员种类</td><td colspan="2"></td><td>确认（ ）</td></tr>
<tr><td colspan="3">(4) 作业人员及分组</td><td colspan="2"></td><td>确认（ ）</td></tr>
<tr><td rowspan="4">周边环境和交通特点</td><td colspan="3">(1) 勘查占用机动车道、邻近人口密集的地段</td><td colspan="2"></td><td>确认（ ）</td></tr>
<tr><td colspan="3">(2) 确定交通警示牌设置位置</td><td colspan="2"></td><td>确认（ ）</td></tr>
<tr><td colspan="3">(3) 确定作业现场围蔽范围</td><td colspan="2"></td><td>确认（ ）</td></tr>
<tr><td colspan="3">(4) 确定需交通管制地段及时段，提前联系属地派出所或交警</td><td colspan="2"></td><td>确认（ ）</td></tr>
<tr><td colspan="7">二、确定作业方法及流程</td></tr>
<tr><td>序号</td><td>作业内容</td><td colspan="2">方法描述</td><td>人员安排</td><td>车辆及机具安排</td><td>时间安排</td></tr>
<tr><td>1</td><td></td><td colspan="2"></td><td></td><td></td><td></td></tr>
<tr><td>2</td><td></td><td colspan="2"></td><td></td><td></td><td></td></tr>
<tr><td>3</td><td></td><td colspan="2"></td><td></td><td></td><td></td></tr>
<tr><td colspan="7">三、作业风险辨析</td></tr>
<tr><td>序号</td><td colspan="3">风险描述</td><td colspan="3">控制措施</td></tr>
<tr><td>1</td><td colspan="3"></td><td colspan="3"></td></tr>
<tr><td>2</td><td colspan="3"></td><td colspan="3"></td></tr>
<tr><td>3</td><td colspan="3"></td><td colspan="3"></td></tr>
<tr><td colspan="4">风险等级评估</td><td colspan="3">根据配网现场作业风险等级，评估本项作业风险等级为：
一级（ ）二级（ ）三级（ ）四级（ ）
五级（ ）可接受（ ）</td></tr>
<tr><td>工作负责人签名</td><td colspan="3"></td><td>运行单位设备责任人签名</td><td colspan="2"></td></tr>
<tr><td>施工单位项目负责人审批</td><td colspan="3"></td><td>运行单位（部门）主管领导审批</td><td colspan="2"></td></tr>
<tr><td colspan="7">填写要求：
1. “勘查记录”：如正常则填写“√”、异常则填写“O”、无须执行则填写“×”；
2. 异常时必须对异常情况进行详细描述；
3. 本表由现场工作负责人现场填写；
4. 10kV 线路单线图、沿布图、其他附件清单请后附</td></tr>
</table>

2.4.8 灾后抢险救灾施工方案（模板）

灾后抢险救灾施工方案（模板）见图 2-7。

××工程施工方案

1. 工程概况

1.1 抢险工程工作内容及建设地点

1.2 建设单位

1.3 监理单位

1.4 工期

1.5 施工范围

1.6 施工特点及危险点

2. 施工现场组织

2.1 施工组织结构图

2.2 施工组织管理及安全职责

3. 施工整体方案

3.1 施工进度横道图

3.2 抢险施工设备设施配置表

4. 施工工序及要求

4.1 基础工程施工

4.2 设备设施施工

图 2-7 灾后抢险救灾施工方案

2.5 施工队伍

施工队伍见图 2-8。

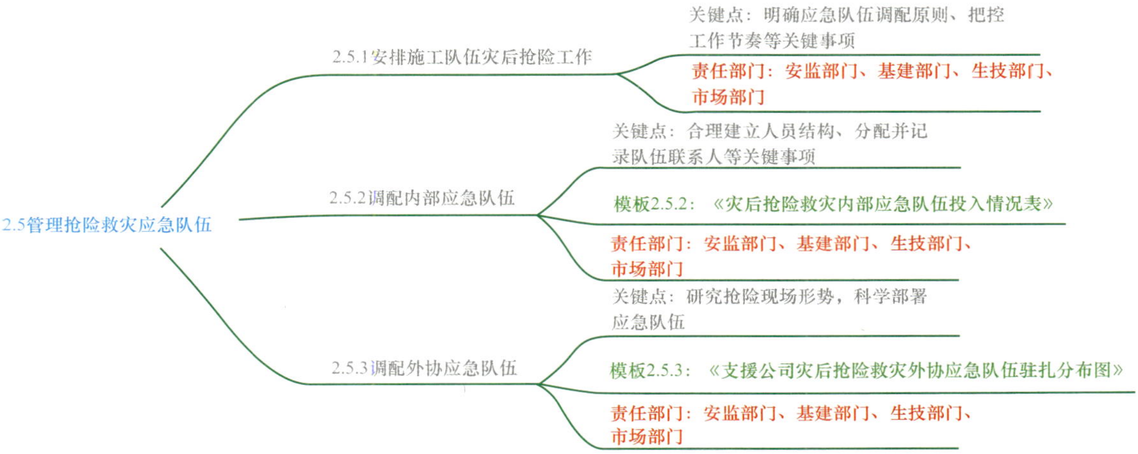

图 2-8　施工队伍

2.5.1 灾后抢险救灾管理工作指引

应急抢险队伍调配：原则上优先调配电网企业通过框架招标确定的外协应急队伍（第一梯队）开展灾后抢险救灾工作。在电网受灾风险等级较高且中标外协应急队伍无法满足实际需求的情况下，调用其他外协应急队伍（第二梯队）参与开展灾后抢险救灾工作。

控制工作节奏：为预防抢修人员因长期连续作业导致精神疲劳和体力透支，增加现场作业人身风险，应急抢修应合理安排作业时间，控制工作节奏。

（1）抢修工作时间安排原则。应急队伍每天作业总时间不宜超过 10 小时，每天连续作业时间不宜超过 4 小时。应根据天气状况变化，灵活调整开收工时间。应急队伍连续工作 3 天且每天作业时间超过 10 小时，应轮换休息。

（2）应急队伍负责人接到抢修任务后，要根据抢修人员数量和技能水平，评估完成抢修任务所需时间，不能满足抢修任务时间要求的，应及时提出补充作业人员申请。

2.5.2 灾后抢险救灾内部应急队伍投入情况表（模板）

灾后抢险救灾内部应急队伍投入情况表（模板）见表 2-20。

表 2-20　　灾后抢险救灾内部应急队伍投入情况表

队伍编号	单位	队伍负责人	联系方式	总人数	人员结构								抢修车辆（总数）	特种车辆		卫星通信设备	支援任务情况		
					专业管理人员	安监管理人员	主网线路抢修人员	主网设备抢修人员	配电线路抢修人员	配电开关抢修人员	驾驶员	其他		钻孔立杆车	吊车		工作地点	工作任务	预计完成时间

2.5.3 支援公司灾后抢险救灾外协应急队伍驻扎分布情况

支援公司灾后抢险救灾外协应急队伍驻扎分布情况见表 2-21。

表 2-21　　支援公司灾后抢险救灾外协应急队伍驻扎分布情况表

序号	所属区域	具体驻扎地址	队伍人数（人）	常驻负责人姓名及联系电话	技术负责人姓名及联系电话	监理负责人姓名及联系电话	备注

2.6 施工物资装备

施工物资装备见图 2-9。

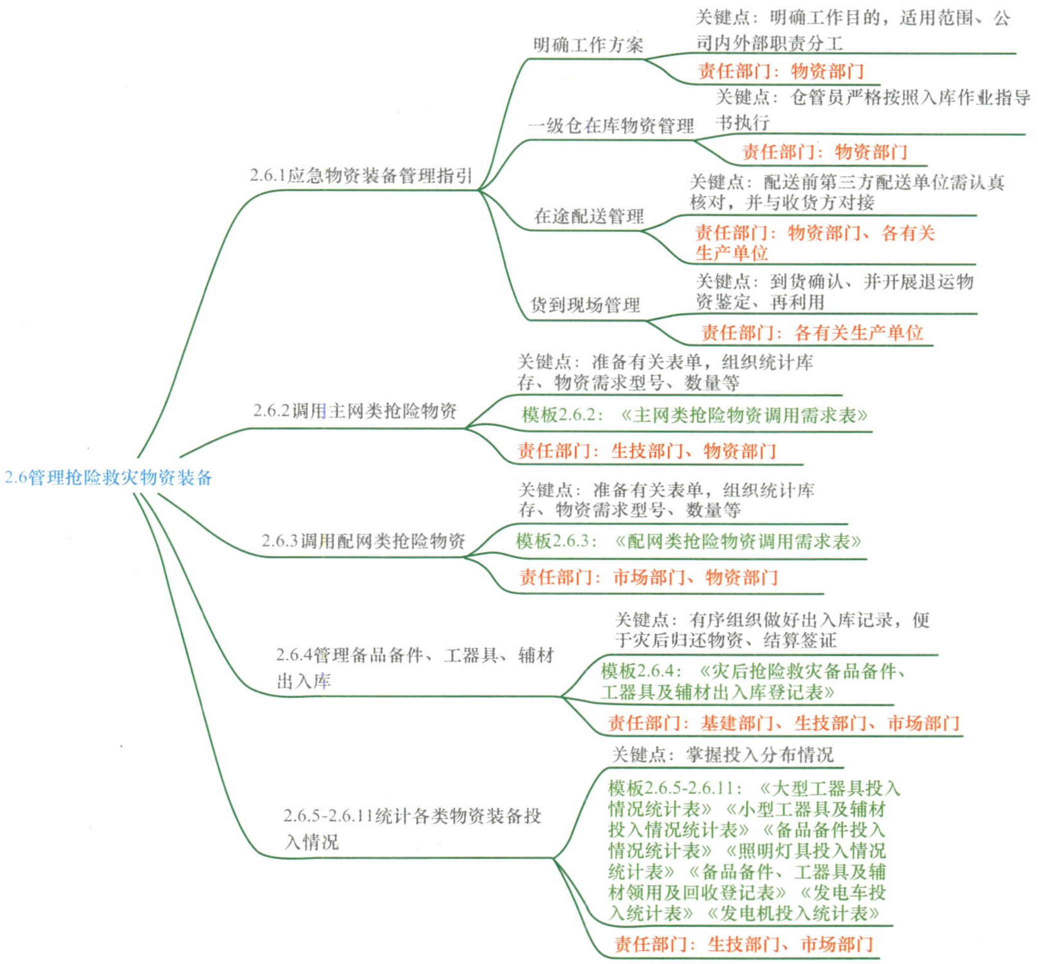

图 2-9　施工物资装备

2.6.1 灾后抢险救灾施工物资装备管理工作指引

2.6.1.1 目的

把好抢险救灾物资装备的质量关，保证物资装备品质优良，提高抢修现场施工质量。

2.6.1.2 适用范围

适用于灾后抢险救灾施工物资装备的全流程管理，包括一级仓在库物资管理、在途配送管理和货到现场管理。

2.6.1.3 职责划分

（1）物资部门。

1）负责一级仓内定额物资的入库验收；

2）负责在库定额物资的管理；

3）组织抢险救灾物资的备货和配送。

（2）第三方配送单位。

1）负责协助仓储配送部处理一级仓内定额物资的装卸和搬运工作；

2）负责将抢险救灾物资及时配送至抢修施工现场。

（3）物资需求部门。负责抢险救灾物资到现场的验收和使用管理。

2.6.1.4 灾后抢险救灾施工物资装备管理

（1）一级仓在库物资管理。

1）对于进入一级仓的物资，仓管员必须严格按照入库作业指导书执行。初步的核查内容主要包括名称、规格型号、产地、数量、外观、包装等信息，确保各项资料证书齐全。对于不合格物资拒收退回，计量物资需经计量管理部门抽检合格后办理入库。物资入库应按照“先物后账”的原则尽快完成入库手续办理，确保账、实一致，对于需要做进一步试验检测的物资设备，积极配合相关部门的抽检工作；

2）对于库存物资，仓管员应注意物资的保管和保养，特别是防潮、防水、防虫和防撞击等管理，同时定期清点物资，确保在库物资均工况优良，处于随时可用的状态，以备抢险救灾使用。

（2）在途配送管理。

1）为保证配送物资设备的准确性，第三方配送单位在配送抢险救灾物资时，需仔细核实装车物资和配送单信息一致，杜绝漏装或错装的情况；

2）为保证配送资设备的安全性，配送前第三方配送单位需提前联系需求单位，确定抢修现场的具体位置。在配送时，必须将抢险救灾物资固定牢稳，保持稳定的驾驶，防止物资在途中出现撞击或甩落的情况。

（3）货到现场管理。

1）物资需求部门在接收抢险救灾施工物资装备时需仔细核对是否与送货单信息一致，核查内容主要包括名称、规格型号、产地、数量、外观、包装等信息，确保各项资料证书齐全。

2）在抢险救灾完成后需求部门应做好现场抢修使用物资的清点，工程结余物资或工程余料应妥善保管，后续经相关部门鉴定将可用的闲置物资退回观澜库房或坪地库房，将报废物资送往报废仓库处理。

2.6.2 主网类抢险物资调用需求表（模板）

主网类抢险物资调用需求表（模板）见表 2-22。

表 2-22　主网类抢险物资调用需求表

序号 类别	应急救援物资	调用需求数量	事故备品	调用需求数量	应急装备	调用需求数量
1			断路器		保障装备（防护装备和救护装备）、施工设备（抢修机械和设备）、	
2			隔离开关		供电、供水、通风设备	
3			电流互感器		抢险车辆、交通工具、	
4			电压互感器、避雷器		通信设备、大型照明装置	

2.6.3 配网类抢险物资调用需求表（模板）

配网类抢险物资调用需求表（模板）见表 2-23。

表 2-23　配网类抢险物资调用需求表

序号 类别	应急救援物资	调用需求数量	事故备品	调用需求数量	应急装备	调用需求数量
1						
2						
3						
4						

2.6.4 灾后抢险救灾备品备件、工器具及辅材出入库登记表（模板）

灾后抢险救灾备品备件、工器具及辅材出入库登记表（模板）见表 2-24。

表 2-24　灾后抢险救灾备品备件、工器具及辅材出入库登记表

序号	时间	值班人员	物品名称	规格型号	入库		出库			备注
					数量	单位	数量	单位	需求部门	

2.6.5 灾后抢险救灾大型工器具投入情况统计表（模板）

灾后抢险救灾大型工器具投入情况统计表（模板）见表 2-25。

表 2-25　　灾后抢险救灾大型工器具投入情况统计表

序号	时间	值班人员	物品名称	规格型号	数量	单位	需求部门	备注

2.6.6 灾后抢险救灾小型工器具及辅材投入情况统计表（模板）

灾后抢险救灾小型工器具及辅材投入情况统计表（模板）见表 2-26。

表 2-26　　灾后抢险救灾小型工器具及辅材投入情况统计表

序号	时间	值班人员	物品名称	规格型号	数量	单位	需求部门	备注

2.6.7 灾后抢险救灾备品备件投入情况统计表（模板）

灾后抢险救灾备品备件投入情况统计表（模板）见表 2-27。

表 2-27　　灾后抢险救灾备品备件投入情况统计表

序号	时间	值班人员	抢修流水号	需求部门	物品名称	规格型号	数量	单位	金额	备注

2.6.8 灾后抢险救灾照明灯具投入情况统计表（模板）

灾后抢险救灾照明灯具投入情况统计表（模板）见表 2-28。

表 2-28　　灾后抢险救灾照明灯具投入情况统计表

序号	时间	值班人员	需求部门	规格型号	数量	备注

2.6.9 灾后抢险救灾备品备件、工器具及辅材领用及回收登记表（模板）

灾后抢险救灾备品备件、工器具及辅材领用及回收登记表（模板）见表 2-29。

表 2-29　　灾后抢险救灾备品备件、工器具及辅材领用及回收登记表

序号	时间	物资使用部门	物品名称	规格型号	数量	单位	备注

2.6.10 灾后抢险救灾发电车投入统计表（模板）

灾后抢险救灾发电车投入统计表（模板）见表 2-30。

表 2-30　　灾后抢险救灾发电车投入统计表

序号	区局	分局	发电车		
			数量及容量	工况	使用情况
1					
2					
3					
4					

2.6.11 灾后抢险救灾发电机投入统计表（模板）

灾后抢险救灾发电机投入统计表（模板）见表 2-31。

表 2-31　　灾后抢险救灾发电机投入统计表

序号	所属单位名称	装备名称	规格型号	电压等级（V）	容量（kW）	数量（辆）	燃料

2.7 施工车辆

施工车辆见图 2-10。

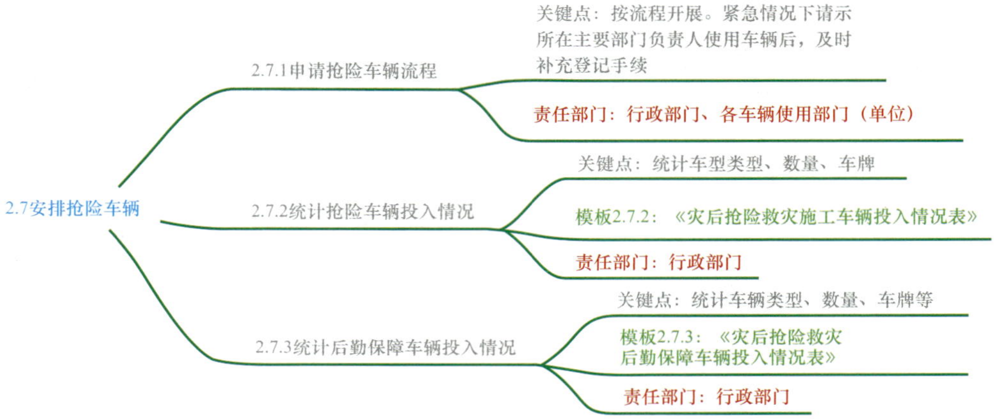

图 2-10 施工车辆

2.7.1 灾后抢险救灾施工车辆管理工作指引

按照电网企业抢险救灾总体工作部署，各部门单位抢险救灾应按照 ×× 日常车辆使用审批流程进行用车申请，遇特殊情况在请示所在部门主要负责人的情况下，先使用后进行用车审批登记。

2.7.2 灾后抢险救灾施工车辆投入情况表（模板）

灾后抢险救灾施工车辆投入情况表（模板）见表 2-32。

表 2-32 灾后抢险救灾施工车辆投入情况表

序号	车辆类型	车辆	数量	备注

2.7.3 灾后抢险救灾后勤保障车辆投入情况表（模板）

灾后抢险救灾后勤保障车辆投入情况表（模板）见表 2-33。

表 2-33 灾后抢险救灾后勤保障车辆投入情况表

序号	车辆类型	车辆	数量	备注

2.8 安全管理

安全管理见图 2-11。

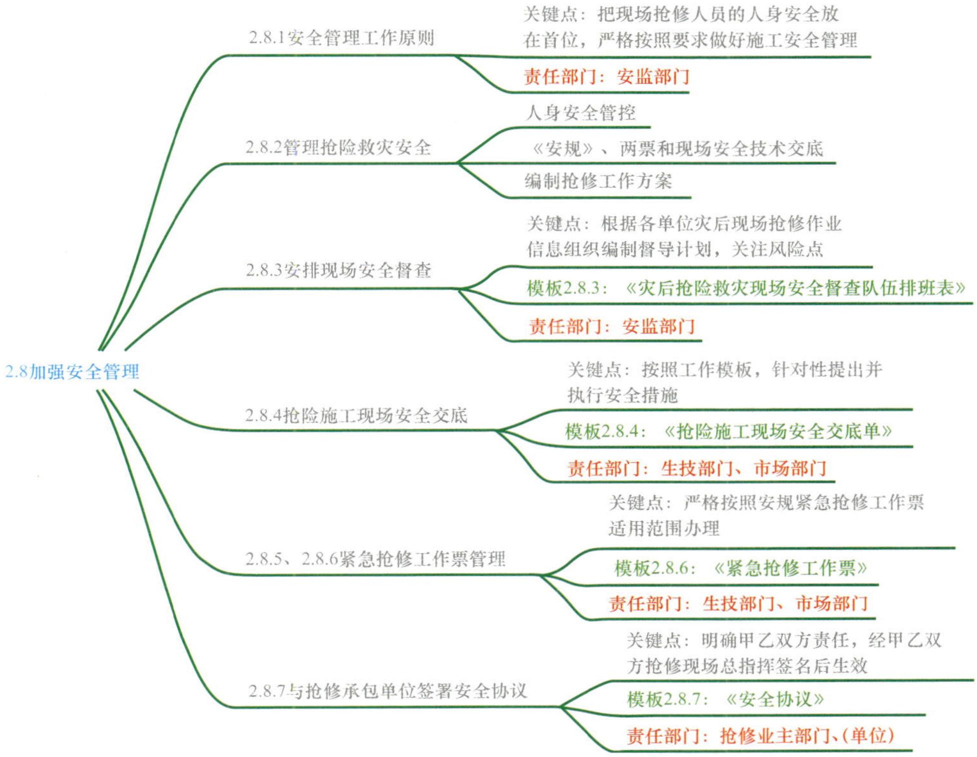

图 2-11 安全管理

2.8.1 灾后抢险救灾安全管理工作指引

灾后抢险救灾中，应始终坚持把现场抢修人员的人身安全放在首位，严格按照要求做好施工安全管理，包括抢险施工安全交底、安全责任划分及界定、刚性执行安规及两票、严格落实施工方案，并按照要求组织做好现场安全督查检查，确保抢修过程人身安全。

2.8.2 灾后抢险救灾现场施工安全管理要求

（1）现场安全管理和抢修作业中始终坚持把现场抢修人员的人身安全放在首位。在开展巡查、抢修作业前，要充分评估作业所面临的风险并充分做好保障人身安全的技术措施和组织措施，确保作业过程中的人身安全，确保灾中防御和灾后抢修工作忙而不乱、安全有序。

（2）严格执行《安规》、两票和现场安全技术交底制度。所有施工及作业前必须按规定办理工作票，工作负责人、监护人必须保证始终在作业现场并严格履行监护责任，必须坚决杜绝擅自扩大工作范围、超越工作票规定的作业界限等违章操作。作业前工作负责人必须对作业人员进行全面的安全技术交底，使作业人员全面了解、熟悉作业中的危险点及其控制措施。

（3）各抢险队伍应根据抢修任务及现场实际情况编写切实可行的抢修方案。抢修方案要突出对危险点的辨识、分析与控制，强化现场作业的安全技术措施和组织协调工作，落实安全技术措施和应急预案，突出对现场安全关键环节的控制，严禁盲目作业和冒险行为。在抢修过程中，重点落实以下防范措施：①作业前，必须查明设备确已停电并布置安全措施、具备工作条件，必须检查线路杆塔基础、构件、拉线是否稳固，绝缘子、金具、导线有无突然脱落的危险，必要时应采取有效的控制措施。②拆、组杆塔和紧放线作业时，必须预先查明沿线杆塔受力状况，必要时应采取有效措施，严防沿线相邻杆塔失稳倾倒。③高空作业时，必须将安全带系在牢固的挂点上，或使用可靠的防坠落保护装置等其他有效防坠措施，防止人员高空坠落。④移动或搬运器材器件时，必须查明所搬物体的重量和实际运动规律，必要时采取有效控制措施，防止移动和搬运过程中失去控制，击伤、挤伤人员。

（4）对采用自备发电机供电和配网、低压用户的线路施工时，要重点防止低压侧反送电情况，施工作业前必须落实设备的验电和接地保护，严禁擅自接电、送电。对线路跨越施工时，要注意导线断落或弹跳碰触带电线路，做好接地安全措施，防止交叉跨越触电事故。要做好临近带电设备场所抢修作业的风险管控，务必确保作业安全距离足够，防止发生导线摆动、树障以及误触碰等导致的人身触电事故事件。

（5）抢修工作中应注意把握和控制好施工作业节奏，在确保安全的前提下，科学安排工期，合理安排作业人员，要从工作经验、技术水平上做好作业人员的搭配，防止作业人员疲劳作业，加强施工过程中危险点的预控管理，对重要工序落实情况要进行有效的监督管理，防止由于赶工期、赶任务而发生事故事件。同时，要严格安全工器具、个人防护用品的配置和使用管理，杜绝由于不规范配置和使用安全工器具、个人防护用品造成的人身伤害事故事件。

（6）严禁约时停、送电。调度人员必须在接到工作结束、可以送电的申请，并核实工作人员和安全措施已全部撤出后，方可下达复电操作命令。操作人员必须严格按照调度命令进行复电操作。

2.8.3 灾后抢险救灾现场安全督查队伍排班表（模板）

灾后抢险救灾现场安全督查队伍排班表（模板）见表 2-34。

表 2-34　　灾后抢险救灾现场安全督查队伍排班表

各单位灾后现场抢修作业信息及督导计划								
序号	单位	抢修作业内（填报全部抢修作业信息）	风险等级	预计抢修作业时间	地点	现场工作负责人及联系电话	本单位现场安全督导人员及联系电话	电网企业层面现场安全督导人员

2.8.4 抢险施工现场安全交底单（模板）

抢险施工现场安全交底单（模板）见表 2-35。

表 2-35　　抢险施工现场安全交底单

<table>
<tr><td colspan="3">工程项目名称：</td></tr>
<tr><td colspan="3">工作任务：</td></tr>
<tr><td colspan="3">工作地段：</td></tr>
<tr><td colspan="3">安全技术交底单位（运行单位）：</td></tr>
<tr><td colspan="3">接受安全技术交底单位（承包商或作业施工单位）：</td></tr>
<tr><td colspan="2">交底日期：　　年　　月　　日</td><td>交底地点：</td></tr>
<tr><td rowspan="6">施工应采取的安全措施</td><td colspan="2">应拉断路器（开关）和隔离开关（刀闸）（注明编号）：</td></tr>
<tr><td colspan="2">应合接地开关（注明编号）、装接地线（注明确实地点）：</td></tr>
<tr><td colspan="2">应设遮栏、应挂标示牌（注明位置）：</td></tr>
<tr><td colspan="2">保留的带电线路或带电设备（注明确实地点）：</td></tr>
<tr><td colspan="2">线路重合闸或再启动功能投退要求：</td></tr>
<tr><td colspan="2">施工单位在工作现场自行装设的接地线（注明确实地点）：</td></tr>
<tr><td rowspan="5">注意事项</td><td colspan="2">对施工人员的要求：</td></tr>
<tr><td colspan="2">对施工机具的要求：</td></tr>
<tr><td colspan="2">对现场施工环境保护的要求：</td></tr>
<tr><td colspan="2">其他应采取的安全措施及注意事项：</td></tr>
<tr><td colspan="2">施工过程中与运行人员联系的有关事项：</td></tr>
<tr><td colspan="2">运行单位代表签名：</td><td>承包商或作业施工单位代表签名：</td></tr>
</table>

2.8.5 灾后抢险工作票取用原则

（1）以下工作需选用紧急抢修工作票：

1）紧急缺陷和需要紧急处置的故障停运设备设施的抢修工作。

2）灾后抢修工作。

（2）紧急抢修应使用紧急抢修工作票，紧急抢修作业从许可时间起超过 12 小时后应根据情况改用非紧急抢修工作票。抢修前预计 12 小时内无法完成的，应直接使用相关工作票。

（3）进行高压设备紧急抢修工作时，需填用紧急抢修工作票；进行低压设备紧急抢修工作时，外单位需填用紧急抢修工作票，本单位需填用书面形式布置和记录。

（4）《安规》第 3.28 条定义了“紧急抢修工作”的定义，强调了紧急抢修是“立即”进行的，如因其他原因导致多天后进行检修作业，不可再使用紧急抢修工作票。

（5）根据《安规》第 3.28 条、第 6.3.3.9 条，对于电网企业资产的低压用户表计发生故障需立即进行抢修的，外单位应办理紧急抢修工作票，本单位使用书面形式布置和记录。

2.8.6 灾后抢险工作票（模板）

灾后抢险工作票（模板）见表 2-36。

表 2-36　　灾后抢险工作票

________紧急抢修工作票

编号：

启动抢修	抢修工作负责人（监护人）：________　单位和班组：________ 负责人及工作班人员总人数共______人
	抢修任务（抢修地点和抢修内容）：
	安全措施及注意事项：
布置抢修	本项工作及主要安全事项根据抢修任务布置人________安排填写
抢修许可	经核实确认或需补充调整的安全措施： 工作许可人签名：________　工作负责人签名：________ 时间：______年______月______日______时______分
抢修结束或转移工作票	抢修结束或转移工作票时间：______年______月______日______时______分 现场设备状况及保留安全措施： 工作负责人签名：________　工作许可人签名：________ 时间：______年______月______日______时______分
备注： 灾后抢修专责监护人：________	

2.8.7 外协应急抢险队伍与公司设备运维部门签订安全协议书（模板）

外协应急抢险队伍与公司设备运维部门签订安全协议书（模板）见图 2-12。

灾后抢修复电安全协议

受灾单位：＿＿＿＿＿＿＿＿＿＿（以下简称甲方）

支援单位：＿＿＿＿＿＿＿＿＿＿（以下简称乙方）

乙方接受南方电网公司调遣，支援甲方“××××”（风灾、水灾等名称）灾后抢修复电工作，为确保抢修过程的作业、人身安全，明确双方的安全责任，经平等协商，现签订本安全协议。

一、双方的安全责任

（一）甲方安全责任

1. 开工前向乙方负责人和工程技术人员进行全面的技术交底，并按照工作票管理要求向乙方提供正确完备的安全技术措施。

2. 负责组建本方应急督查队伍，并对乙方安全督查人员进行备案管理。

3. 负责履行安全总督查负责人职责，根据抢修进度和风险情况，组织安全督查人员对抢修作业进行监督，并做好记录。

4. 负责审核并书面公布乙方提供的经其认可的工作票签发人和工作负责人名单。

5. 负责审核乙方办理的工作票和紧急抢修单，并会签乙方办理的工作票，按照操作票执行倒闸操作。

6. 向乙方提供租用大型特种设备、借用安全工器具、医疗食宿后勤保障等服务帮助。

（二）乙方安全责任

1. 按要求随抢修队伍配备足够安全管理人员。抢修工作开展前，向甲方提供安全督查人员名单，并接受甲方总指挥官的组织调配。

2. 抢修工作开展前，向甲方提供经省公司培训考核合格的工作票签发人和工作负责人名单

3. 开工前必须进行施工方案学习和自上而下进行安全技术交底。全体施工人员均应熟悉和掌握施工工作内容和施工安全措施。

图 2-12　外协应急抢险队伍与公司设备运维部门签订安全协议书（一）

4. 现场施工中，必须严格执行《安规》《电力建设安全工作规程》及甲方各项安全文明生产规章制度中有关规定。

5. 进入电力生产区域内施工，必须按规定严格执行工作票制度。对规定可以不使用工作票的工作，开工前应履行相应手续。

6. 开工前应对施工机械工器具及安全防护设施进行一次检查，确保符合安全规定并不超过检验周期。

7. 严禁使用未成年工和不适应现场安全施工要求的老、弱、病、残人员进行施工。

8. 乙方从事特种作业的人员必须经过专业培训并取得特种作业资格证书。

9. 承担协议中规定的其他安全、卫生和健康责任。

（三）施工期间乙方指派__________同志负责本工程项目的有关安全管理工作；甲方指派同志负责联系、检查和督促乙方执行有关安全管理相关规定。

二、其他事项

1. 本安全协议订立的各项规定适用于甲乙双方，如遇有同国家和行业的有关法规不符者应按国家和行业有关规定执行。

2. 其他未尽事宜经双方平等协商后予以补充明确。

3. 本协议须经甲乙双方抢修现场总指挥签名后生效。

4. 本协议书一式二份，甲方一份，乙方一份。

甲方：	乙方：
设备运维部门负责人：	抢修现场负责人（或委托代理人）：
安监部负责人：	安全督查组组长：
联系人：	联系人：
电话：	电话：

签订日期：　　年　月　日

图 2-12　外协应急抢险队伍与公司设备运维部门签订安全协议书（二）

2.9 施工进度管理

施工进度管理见图 2-13。

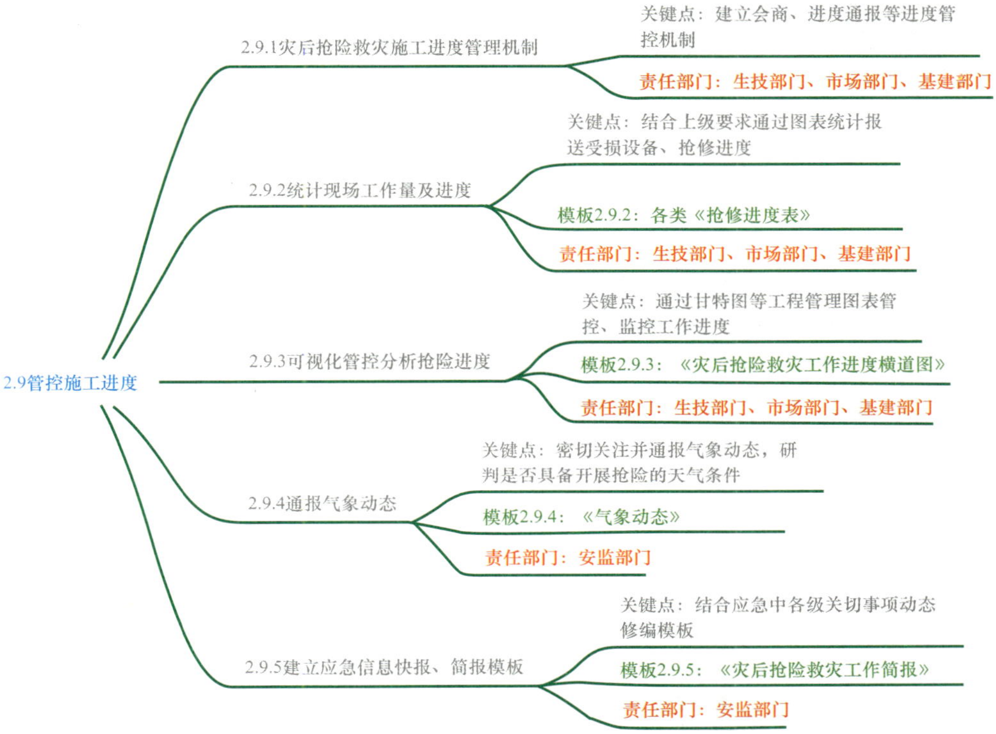

图 2-13　施工进度管理

2.9.1 灾后抢险救灾施工进度管理工作指引

各单位应加强灾后应急抢修期间的施工进度信息管理，确保信息沟通畅顺，安全工作落实到位，能及时防范不安全状况。

（1）定期通过会议、通知、微信、电话和传真等方式及时对以下重要安全和进度信息进行传达和宣贯，确保参与抢修的人员及时掌握最新信息。

（2）及时发布安全工作通知、会议精神、领导指示、安全督查发现的违章现象、异常情况等；及时通报新增风险或风险评估结果变化情况。

（3）通过每天的工作例会通报施工进度情况，协调解决导致施工进度滞后的各项问题。

2.9.2 灾后抢险救灾现场工作量完成情况表（模板）

灾后抢险救灾现场工作量完成情况表（模板）见表 2-37 ～表 2-39。

表 2-37　　　　××局 10kV 抢修进度统计表

单位	任务范围	断倒杆（条）	××.××进度	××.××进度	××.××进度	斜歪杆（条）	××.××进度	××.××进度	××.××进度	变台拆装（套）	××.××进度	××.××进度	××.××进度	变台校正（套）	××.××进度	××.××进度	××.××进度	导线架设（单线，千米）	××.××进度	××.××进度	××.××进度	备注
累计																						

表 2-38　　　　××局 380V 抢修进度统计表

单位	已完成台区明细	本日完成台区	未修复台区名称	××.××进度	××.××进度	××.××进度	完成台区数合计	待完成台区数合计	合计
合计									

表 2-39　　　　××局 380V 抢修工程量统计表

单位	线路名称	台区名称	断倒杆（条）	××.××进度	××.××进度	××.××进度	斜歪杆（条）	××.××进度	××.××进度	××.××进度	线路架设（单线）	××.××进度	××.××进度	××.××进度	实际修复时间
合计															

2.9.3 灾后抢险救灾工作进度横道图

灾后抢险救灾工作进度横道图见表 2-40 和表 2-41。

表 2-40　　　　主网设备设施抢修工作进展

单位	电压等级	设备设施名称	进度情况（横道图）	计划时间	完成时间

表 2-41　　　　配网设备设施抢修工作进展

单位	未恢复送电线路条数	进度情况（横道图）	中压计划状态时间	完成时间

2.9.4 气象动态（范本）

××抢险指挥部：各位领导和同事，今天是抢险工期的第××天，你们辛苦了！据气象预报，今天××局部地区会出现短时雷阵雨天气，最高气温33℃，请大家做好雨天防滑措施，备好必要的个人防护用品，户外作业要做好防雷工作，必要时待雷雨过后再实施户外作业。在救灾抢险作业中，确保人身和交通安全，落实好防止低压台区倒送电的措施，科学安排工期和作业人员，防止疲劳作业。

2.9.5 灾后抢险救灾工作简报（范本）

灾后抢险救灾工作简报（范本）见图2-14。

电网企业抗击×××××抢修复电

工作简报

第××期

抢险指挥部办公室编　　××××年××月××日××时

灾害简述×××。××月××日，进入台风灾后抢阶段，公司当天成立了由×××董事长（安全生产第一责任人）为总指挥的抗击×××抢险指挥部，下设××个专业组，统一指挥、协调和部署抢险工作。在确保安全、天气条件允许的前提下全力以赴开展灾后抢（抢修复电）工作，及时恢复受影响客户供电。为及时跟踪掌握抢修复电进展，公司应急办组织各专项工作组编制本工作简报。

一、抢险复电工作情况

（一）灾情勘查进度、清单

1. 电网受灾整体情况

截止××月××日××时，×××灾害造成××电网500kV线路跳闸××条，已复电××条；220kV线路跳闸××条，已复电××条；110kV线路跳闸××条，已复电××条。造成10kV线路累计停电××条（其中含××条重合成功，××条为跳闸，××条线路配合停电切除），线路已恢复××条。台风共造成××个××kV变电站、××个用

图2-14　灾后抢险救灾工作简报（范本）（一）

户站失压。设备跳闸共造成深圳地区 ×× 万户用户停电，占全市总客户数 ××%。

2. 未恢复的主网设备主要情况

截止 ×× 月 ×× 日 ×× 时，共有 ×× 回 ××kV 线路暂未恢复。

3. 主网受灾清单

4. 配网设备受损情况表

（二）抢险队伍安排

1. 主网方面。输变电运行单位共组织抢修力量 ×× 人，车辆 ×× 辆，外协抢修队伍 ×× 人开展输变电设备设施隐患排查工作。

2. 配网方面。目前分区局、分片区、分街道共组织抢修力量 ×× 人，车辆 ×× 辆，外协抢修队伍 ×× 人开展配网设备设施隐患排查工作。

（三）督查队伍安排

×× 月 ×× 日，公司各层面共派出 ×× 组 ×× 人的督查队伍（其中电网企业层面 ×× 组 ×× 人，各生产单位 ×× 组 ×× 人），开展 ××。

（四）抢修进展

1. 主网方面。截止 ×× 月 ×× 日 ×× 点，××。

2. 配网方面。截止 ×× 月 ×× 日 ×× 点，××。

（五）物资供应情况

××××。

二、×× 市近十天天气预报

××××。

三、相关抢修现场图片

××××。

本期报：公司领导；副总师；相关专业部门。

本期抄：×× 电网公司应急办。

图 2-14 灾后抢险救灾工作简报（范本）（二）

2.10 停送电管理

停送电管理见图 2-15。

图 2-15　停送电管理

2.10.1 灾后抢险救灾停送电管理工作指引

2.10.1.1 停电：运维单位自行操作停电 → 现场核实解除人身伤亡或设备安全风险 → 10 分钟内向配网调度汇报操作情况 → 配网调度修改单线图并记录日志；［依据《深圳电网电力调度管理规程（2017 版）》中 5.3.4.1.1 为了防止事故扩大、减少事故危害和损失，下列情况下事故单位可不待中调值班调度员指令，立即自行处理，但事后应尽快报告中调值班调度员］。

2.10.1.2 抢修：运维单位向调度申请抢修的安全措施 → 配网调度审核后批复操作 → 运维单位操作完毕后向调网调度汇报操作情况 → 配网调度修改单线图并记录日志。

2.10.1.3 复电：运维单位向调度汇报抢修工作结束并申请复电操作 → 配网调度审核后批复操作 → 运维单位操作完毕后向配网调度汇报操作情况 → 配网调度修改单线图并记录日志。（抢修超 12 小时应按《安规》要求履行停电申请并办理检修工作票）。

2.10.2 灾后抢险竣工验收表（模板）

灾后抢险竣工验收表（模板）见表 2-42。

表 2-42　　灾后抢险竣工验收表

检查项目	检查内容	检查结果	检查人员签名
资料检查	验收报告及安装记录		
外观检查			
二次回路检查（如有）			
试验工作（如有）			

2.10.3 灾后抢险救灾现场停送电管理

2.10.3.1 灾后抢修阶段，包括调度值班人员、现场抢修人员等在内的所有作业人员都必须严格按照 Q/CSG 510001—2015《中国南方电网有限责任公司电力安全工作规程》(简称《安规》)《深圳电网电力调度管理规程（2017 版）》Q/CSG 1205004—2016《工作票实施规范（调度检修申请单部分）》等相关制度规范开展抢修作业。

2.10.3.2 对于受灾害影响的 10（20）kV 故障跳闸线路，故障起 24 小时内，配合故障的隔离、接地、复电等操作，相关单位可以通过调度电话向调度申请。从许可抢修起（即申请接地起）必须办理紧急抢修工作票，且紧急抢修工作票的有效工期仅限于 12 小时。自故障跳闸起超 24 小时或抢修时间超 12 小时申请单位必须办理工作票，同时办理检修申请单。

2.10.3.3 针对故障时间超 24 小时或抢修时间超 12 小时的 10（20）kV 线路抢修工作，故障起 7 天内申请单位可通过资产系统上报检修申请单直接发送至配网调度节点，由值班调度员审批。故障时间超 7 天后申请单位按计划检修申请单流程申报，由运行方式部审批。

2.10.3.4 在遭受台风、洪水、雨雪、地震、战争等不可抗力灾害时，出现严重威胁电网安全稳定运行或危及人身、设备安全的紧急情况时，事故单位可不待值班调度员指令，根据现场规程立即自行采取措施。但事后应尽快汇报值班调度员。

2.10.3.5 灾后抢修复电期间发现的设备紧急缺陷，相关单位可以通过调度电话向调度申请，且需办理紧急抢修工作票进行处理，紧急抢修工作票的有效工期仅限于 12 小时。抢修时间超 12 小时申请单位必须办理工作票，同时办理检修申请单。

2.10.3.6 灾后抢修期间，停送电操作或开展作业前相关单位应注意加强防止客户侧反送电措施。

2.10.3.7 带电作业应在良好天气下进行。在电网企业启动防风防讯Ⅳ级应急响应之后，对带电作业要求提级管控，申请单位应根据工作需要及天气状况等进行充分作业安全评估，并汇报本单位专业主管同意后，再向调度确认带电作业申请。如遇严重风雨天气，按照《安规》要求，不予批复带电作业。

2.11 应急处置管理

应急处置管理见图 2-16。

2-16　应急处置管理

2.11.1 灾后抢险应急处置原则

灾后抢修复电现场如安全措施落实不到位，容易引发人身和设备事故事件，要按照对应专项应急预案相关内容开展处置。灾后抢修复电现场发生人身事故事件后，应立即停止事故事件现场抢修工作，现场人员及事故单位应当采取有效的应急处置措施，控制事故范围，迅速抢救伤员，科学、合理调配应急物资和队伍等应急资源，积极防止事故蔓延扩大，特别是防止发生人员伤亡扩大和电力系统崩溃、电网瓦解等。

灾后抢修复电现场发生设备事故事件后，应立即停止事故事件现场抢修工作，相关事故直属部门（单位）立即与事发现场的工作人员及时沟通，采取现场即时避险、救治、控制事态发展、隔离危险源等紧急处置措施，避免事态扩大，并立即按照设备事故事件应急信息报送要求上报信息。

公司总值班室或人身事故（事件）、设备事故事件应急办公室在接到报警后，应立即向人身事故（事件）应急指挥部和公司应急指挥中心报告，同时责成事发部门（单位）开展先期应急处置工作，防止事件扩大。

2.11.2 灾后抢险人身伤亡事故应急处置流程

（1）事故现场有关人员尽一切力量组织现场抢救受伤人员，脱离起因物、致害物，减少人员伤亡；采取措施制止事故扩大。

（2）事故发生后，事故部门（单位）或者现场人员应当积极采取自救措施；最大限度利用社会公共资源，迅速拨打 120 急救或 110 报警电话，确保伤员得到及时医治，防止事故的扩大。

（3）现场人员在医疗救护人员没有到达现场之前，不能停止人工心肺复苏等有效的抢救手段。注意现场不能根据观察伤员的呼吸或脉搏心跳，有无休克现象擅自判定伤员死亡而中断或放弃抢救。

（4）在抢救行动中，首先要考虑是否有新的危险源，参与抢救人员应同时严格执行安全规程，做好自我防护措施。

（5）事故发生单位、项目建设单位、监理单位、设备所属单位等有关负责人应迅速组织人员赴现场调查，并积极组织或协助全力做好事故的救援工作。

（6）认真保护事故现场，凡与事故有关的物体痕迹、状态不得破坏，为抢救受伤害者需要移动现场某些物体时，必须做好现场标志。应仔细对现场进行标志记录或拍照、录像并清楚保持记录的准确性。

（7）根据事故伤害人员的情况，在就近医院抢救和紧急治疗后，如确需要转院救护可向有关专科强的医院求助。

2.11.3 灾后抢险设备设施事故应急处置流程

灾后抢险设备设施事故应急处置流程见图 2-17。

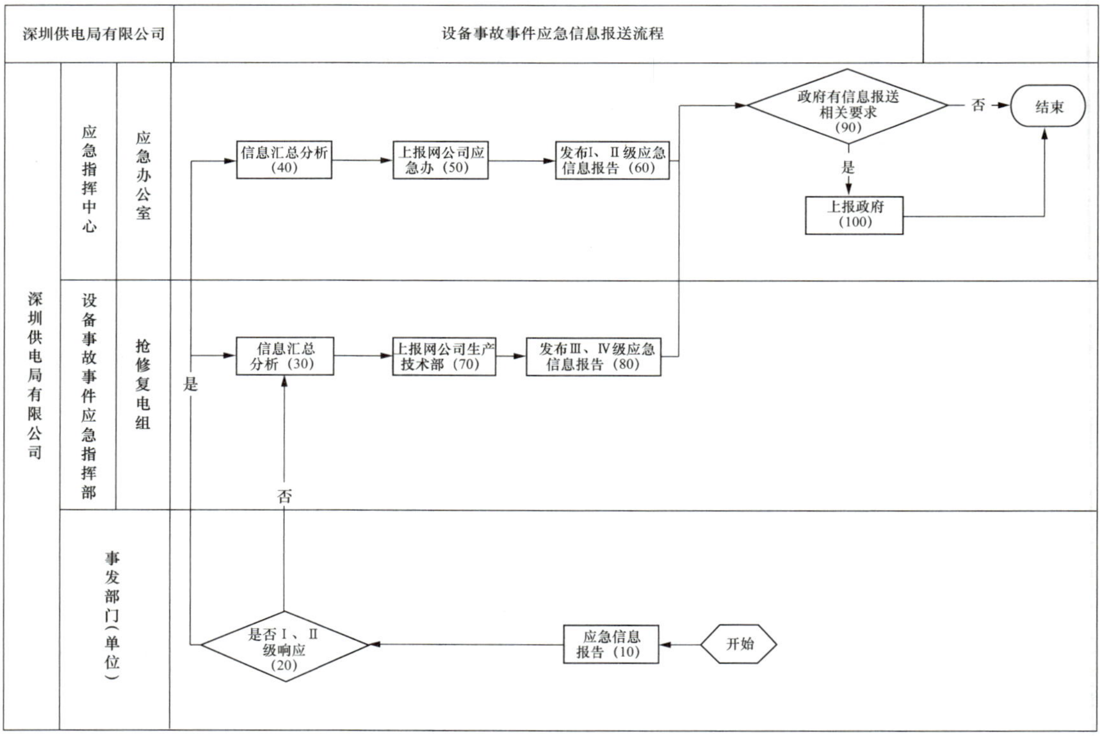

图 2-17　灾后抢险设备设施事故应急处置流程图

2.11.4 灾后抢险应急处置信息报送单

灾后抢险应急处置信息报送单见表 2-43。

表 2-43　　灾后抢险应急处置信息报送单

突发事件信息快速报告单

填报单位（公章）：　　　　　　填报时间：　　年　　月　　日　　时分

事发单位		直接上级单位	
事件简题			
发生时间			
事件简况			
事件原因			
事件后果			
部门负责人		填报人	

3 闭环及其他

3.1 保险购买及理赔

保险购买及理赔见图 3-1。

图 3-1 保险购买及理赔

3.1.1 灾后抢险救灾保险购买指引

电网企业应每年为员工购买团体意外险，具体如参照如表 3-1 所示。同时在抢险救灾前督促各施工单位为抢险人员购买人身意外保险。抢险救灾中员工出险后，及时拨打保险服务热线，并告知出险人身份证和具体的出险时间、地点、原因；具体咨询也可直接电话日常保险联系人：××（联系方式 ××）。

在灾情勘查过程中，设备管理部门要同步收集设备受损理赔需求，拍摄相关照片，一并反馈财务部门。

表 3-1 向保险公司申请财险理赔

保险事项	赔付金额	备注
身故	100 万	意外伤害发生之日起 180 日内
伤残	100 万	伤残程度第一级对应的给付比例为 100%，第十级对应的比例为 10%
住院津贴	400 元 / 天	无免赔，最多赔付 180 日
猝死	100 万	出现症状后 48 小时内发生的非暴力性突然死亡
意外伤害医疗	2 万	在扣除相关已经补偿或给付部分以及合同约定的免赔额后，对其余额按保险合同约定的标准给付意外医疗保险金

3.1.2 灾后抢险救灾施工人员人身保险购买情况统计表（模板）

灾后抢险救灾施工人员人身保险购买情况统计表（模板）见表 3-2。

表 3-2　　灾后抢险救灾施工人员人身保险购买情况统计表

序号	工号	姓名	性别	年龄	身份证	部门	人身保险类型	人身保险承保公司	承保金额	承保期限

3.1.3 电力设备设施保险理赔需求表（模板）

电力设备设施保险理赔需求表（模板）见表 3-3。

表 3-3　　电力设备设施保险理赔需求表

序号	单位	出险日期	出险地点	出险情况	抢修完成情况	估计损失额（万元）	报保险日期	保险联络员
1								
2								
3								
4								
5								
合计								

3.2 现场慰问

现场慰问见图 3-2。

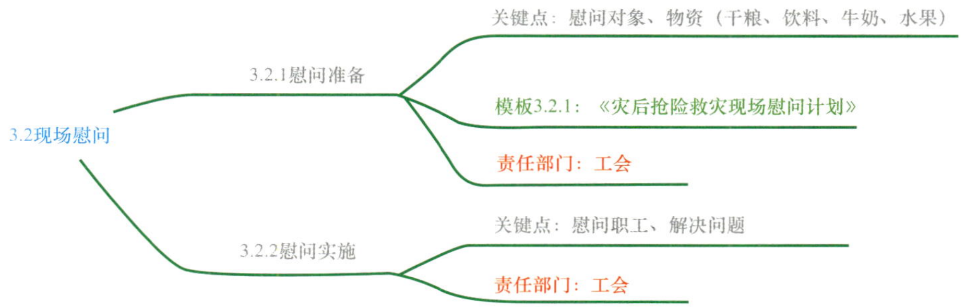

图 3-2　现场慰问

3.2.1 灾后抢险救灾现场慰问计划

3.2.1.1 灾后抢险救灾慰问工作由电网企业工会统筹负责。慰问工作由电网企业工会和直属各单位工会牵头开展。

3.2.1.2 慰问前确定慰问对象人数、时间、地点，根据需要购买准备慰问物资，一般以干粮、饮料、牛奶、水果为主。

3.2.1.3 确定带队慰问人员，根据情况由电网企业领导带队或电网企业工会领导带队到抢险救灾现场进行慰问。

3.2.1.4 慰问人员到现场开展慰问，交付慰问品，慰问抢险支援队伍，听取抢险人员的意见建议，协助抢险人员解决工作、生活中遇到的困难，必要时上门慰问家庭困难抢险人员家属，将组织温暖及时送达一线抢险人员，切实解决抢险救灾一线人员的后顾之忧。

3.3 工程量结算

工程量结算见图 3-3。

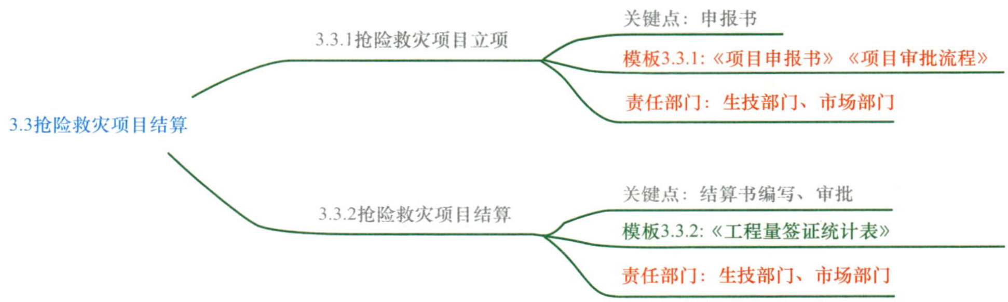

图 3-3 工程量结算

3.3.1 工程量结算工作指引

抢修项目签证结算资料一般包括：工程量现场签证表、竣工验收表、工程结算书资料等，相关资料要求如下：

一、工程量现场签证表

工程量现场签证由电网企业生技部门牵头开展，由各抢修队伍施工单位协助办理，一般工程量采用现场签证形式，交监理单位及建设单位（属地区、县供电企业）签名并加盖公章确认。工程量签证一般包括分项工程名称，数量等工程量统计，同时应包括乙供材料及器械使用情况等，签证工作应详尽、如实，并将工作前后照片存档留底。工程量现场签证工作应与抢修工作同步完成。

二、竣工验收表

竣工验收表由电网企业生技部门牵头开展，各抢修队伍施工单位协助办理，在抢修过程中至少应由项目建设单位（属地区、县供电企业）签名加盖公章确认。竣工验收表格填写工作应与抢修支援工作同步完成。

三、立项结算

抢险救灾工程项目由电网企业生技部门牵头开展，可由各属地区、县供电企业分别开展立项。项目立项工作应与抢险救灾工作同步完成。

四、工程结算书

工程结算书由各抢修队伍施工单位协助编制，结算书的编制应遵循建设单位提供的预算定额，并按时间要求提交，及时完成结算审核工作。

五、其他资料

因项目结算一般按生产应急项目开支，电网企业生技部门应及时提出要求，同时明确其他资料要求，各抢修队伍应给予配合，按要求提交相关资料。

3.3.2 工程量签证统计表（模板）

工程量签证统计表（模板）见表 3-4。

表 3-4　　工程量签证统计表

工程名称	
建设单位	
施工单位	
签证内容	要求：签证内容需注明详细工作内容和明细（包含工作地点和设备名称） 范例： 1. 本工程新建 BVV-185 导线（单线）共 1006m，BVV-95 导线（单线）共 563m，BVV-70 导线（单线）共 684m，BVV-50 导线（单线）共 523m，BVV-25 导线（单线）共 4567m，墙上四位街码（加强型）121 个，墙上二位街码（加强型）322 个，重复接地 2 组。 2. 拆除原有拆除原有 BVV-150 导线（单线）共 760m，BVV-50 导线（单线）共 800m，BVV-35 导线（单线）共 480m，BVV-16 导线（单线）共 3140m。 施工单位（章）： 负责人： 日期：
监理单位意见	监理单位意见（如果无监理单位可不填）： 监理单位（章） 负责人： 日期：
建设单位	建设单位意见： 建设单位（章） 负责人： 日期：

3.4 新闻宣传

新闻宣传见图 3-4。

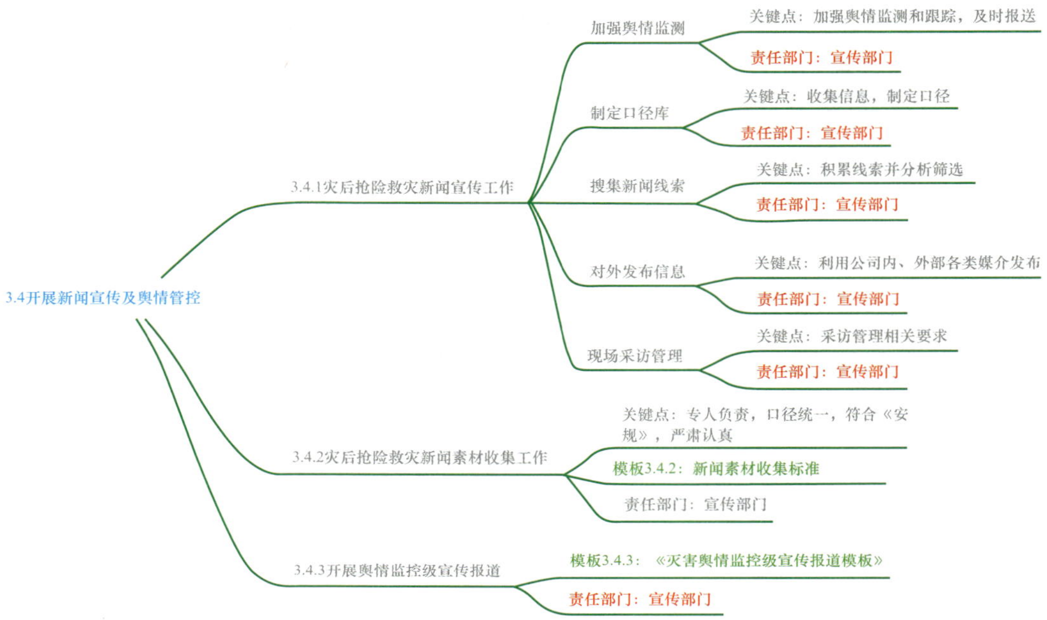

图 3-4　新闻宣传

3.4.1 灾后抢险救灾新闻宣传工作指引

3.4.1.1 加强舆情监测。宣传部门应加强舆情监测和跟踪，必要时，实行 24 小时值班，滚动向公司应急指挥中心、应急办公室报送舆情专报，有特殊情况随时报告。

3.4.1.2 制订口径库。宣传部门应及时收集整理抢险救灾新闻信息，制定新闻应答口径。

3.4.1.3 搜集新闻线索。各部门（单位）新闻宣传人员从本部门（单位）抢险救灾工作中找寻、积累新闻线索及抢险救灾数据，并对获取的新闻线索进行分析和筛选，及时报送宣传部门。

3.4.1.4 对外发布信息。宣传部门充分利用公司内、外部各类媒介，以新闻通稿、新闻发布会、公司门户网站发布声明、公司官方微博滚动发布、电话接受媒体采访或组织媒体记者采访等形式，及时对外发布信息。

3.4.1.5 现场采访管理。宣传部门报请电网企业有关领导批准后，安排记者到事件现场采访。必要时，应在现场设置采访区域，有效调控现场记者。遇到现场采访的记者提出无理要求，阻碍突发事件处理，影响人身安全，应及时向公司有关领导汇报，并视情况报告当地公安部门。

3.4.2 灾后抢险救灾新闻素材收集标准

3.4.2.1 各部门（单位）指定专人负责做好突发事件现场的媒体接待、摄影摄像工作，收集现场新闻素材。

3.4.2.2 各部门（单位）报送的素材、数据口径要统一，避免引发公众误解或对公司形象造成损害。

3.4.2.3 拍摄者在确保自身安全的前提下，方可对作业现场人员进行拍摄；拍摄对象要符合安全规定，不得发布存在明显违规现象的照片、视频。

3.4.2.4 新闻素材应能体现抢险救灾人员认真、严肃的态度，不得出现嬉笑、休闲的画面。

3.4.3 灾害舆情监控及宣传报道情况（模板）

（一）媒体报道情况模板

截止 ____ 日 ____ 时 ____ 分，____________________（媒体名称）等家媒体报道公司抢险救灾新闻 ____ 篇，转载 ____ 篇，突出报道 ________________ 等内容。发布微博 ____ 条，微信 ____ 条，累计阅读量 ____ 次。监测到负面舆情 ____ 条，主要为 ______________ 内容。

（二）新闻采访参考用语

（1）您好！我是 ×× 电网公司支援抢修人员 ××，现在我为您介绍一下这里的情况。

（2）您好！我主要负责的工作是 ××。

（3）目前，我公司已派出支援抢修人员共 × 名、抢修车辆 × 辆，主要负责 ×× 区域的抢修工作。从 ×× 日起，我们已经完成了 ×× 工作。

（4）×× 月 ×× 日晚上 / 下午，在接到 ×× 电网公司支援指令后，我公司立即行动，于 ×× 日早上组织了 ×× 名抢修人员、×× 抢修车辆前往 ××，×× 日中午再次组织 ×× 名抢修人员、× 抢修车辆前往。

（5）我公司支援抢修队伍接受了 ××× 抢修复电任务。

（6）我公司支援抢修队伍到达后，再次发扬“招之能来、来之能战”的铁军精神，争分夺秒投入抢修，目前已经完成。

（7）对不起，这个问题我未完全掌握信息（我还不太了解），您可以留下您的联系方式，我们迟点给您一个正式的答复。

3.5 总结分析

总结分析见图 3-5。

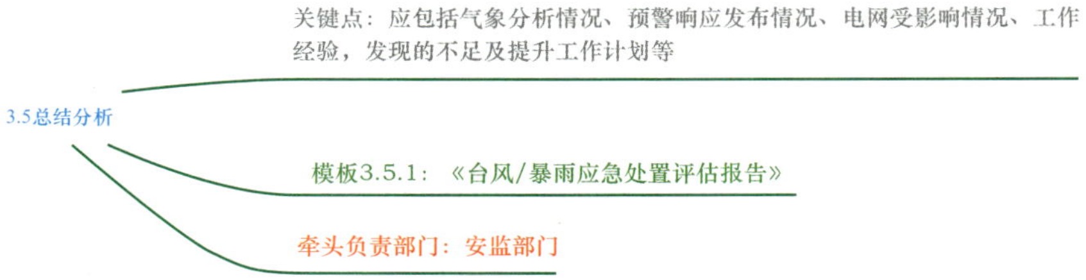

图 3-5　总结分析

3.5.1 灾后抢险救灾工作总结（范本）

灾后抢险救灾工作总结（范本）见图 3-6。

台风 / 暴雨应急处置评估总结报告

第一部分　台风及其影响情况

一、台风 / 暴雨气象分析情况

台风 / 暴雨气象分析情况……

二、预警响应发布情况

各层级预警和响应发布情况

三、电网受影响情况

电网影响方面……

设备影响方面……

四、电网恢复情况

主网方面……

配网方面……

图 3-6　灾后抢险救灾工作总结（一）

第二部分　台风应对工作取得的经验

一、系统开展灾前防御工作

二、有序组织开展灾中值守和处置工作

三、安全快速开展灾后抢修复电

第三部分　存在的不足

一、……

二、……

三、……

第四部分　下一步提开方向和措施

一、……

二、……

三、……

第五部分　工作计划

一、……

二、……

三、……

图 3-6　灾后抢险救灾工作总结（二）

PART 2

第二部分

外单位支援电网企业灾后抢修复电

备注：蓝色字体代表需要开展的主要流程，未加粗黑色字体代表该节点需要重点落实的事项

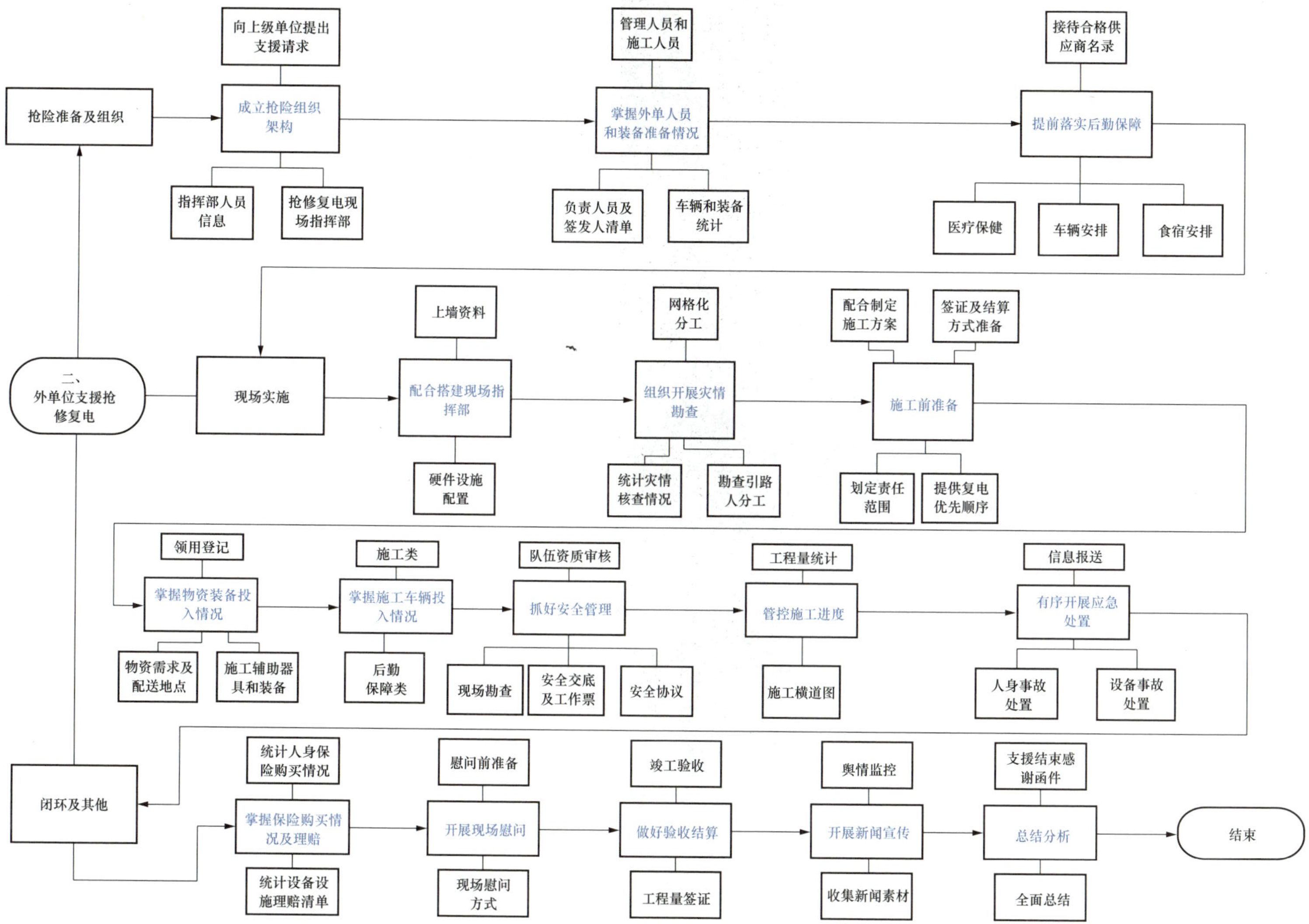

图 1-1　外单位支援抢修复电总体流程图

1 | 抢险准备及组织

1.1 抢险组织架构及职责

抢险组织架构及职责见图 1-2。

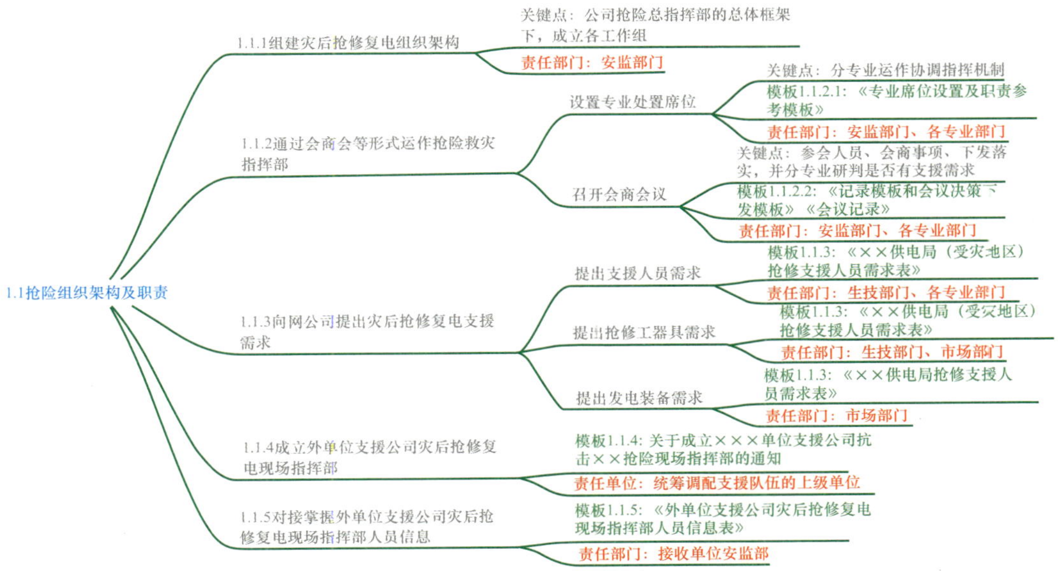

图 1-2　抢险组织架构及职责

1.1.1 灾后抢修复电组织架构组建指引

根据灾情初步勘查情况，需要外单位支援电网企业开展灾后抢修复电情况下，在电网企业抢险总指挥部的总体框架下，抢修复电组、物资保障组、安全督导组、综合保障组、新闻宣传组要立即指定负责人和联络员，全面做好外单位支援电网企业开展灾后抢修复电的各项对接和组织工作。同时在受支援区域成立电网企业抢险前线指挥部（现场指挥部）。生产部门（输电管理部门、变电管理部门及各电网企业）负责收集和上报本辖区线路设备受灾与恢复情况，负责带领外部抢修单位进行勘查现场、安全技术交底、施工方案审核、工作票签发和许可、现场施工质量验收以及工程签证等工作。

1.1.2 指挥部运作机制

1.1.2.1 专业组协调指挥机制运作

外单位支援电网企业开展灾后抢修复电后，在抢险总指挥部的统一指挥下，抢修复电组、安全督导组、物资保障组、综合保障组、新闻宣传组除了需要落实电网企业灾后抢修复电本专业的工作职责外，按专业分工向应急指挥中心提出外单位抢修复电各项工作决策建议，确保外单位支援抢修复电工作顺利开展到位。各专业组具体职责如下：

（1）抢修复电组。负责做好外单位支援电网企业主配网应急抢修队伍的组织和调配；负责向外援单位提供主配网网络图或单线图、工作票办理原则、重要用户沟通与恢复供电顺序、施工技术规范要求以及辖区线路运行方式；统筹抢修工作分配、抢修工程质量验收和工程量签证等工作，收集和整理现场各类抢修工程信息报电网企业抢险总指挥部办公室；组织提出抢修物资需求；在会商会议上或不定期向应急指挥中心提出本专业的外单位支援协调建议。

（2）安全督导组。负责应急总体协调，与南方电网公司应急办和支援单位应急办进行对接，获取相关需求并组织各专业组具体落实相关工作；组织开展抢修作业现场安全监管；关注气象动态，为外单位支援电网企业灾后抢修复电提供气象信息提醒；收集电网企业抢修复电及外单位支援有关工作情况，每日组织编制并发布抢修复电工作简报；在会商会议上或不定期向应急指挥中心提出本专业的外单位支援协调建议。

（3）物资保障组。负责按照各单位需求做好抢修物资配送工作以及工程余料退仓工作；在会商会议上或不定期向应急指挥中心提出本专业的外单位支援协调建议。

（4）综合保障组。负责抢修期间的后勤服务工作；负责安排好外援单位在当地的住宿、饮食、汽车维护、应急通信、医疗保健以及交通指引等后勤服务工作；在会商会议上或不定期向应急指挥中心提出本专业的外单位支援协调建议。

（5）新闻宣传组。负责外单位支援期间的新闻宣传工作，负责对外发布有关报告、报道和通报；在会商会议上或不定期向应急指挥中心提出本专业的外单位支援协调建议。

1.1.2.2 会商机制运作

外单位支援电网企业灾后抢修复电期间，原则上电网企业应急指挥中心早晚各召开一次综合会商会议（应急办召集指挥中心成员在指定地点按时参会，与电网企业灾后抢险救灾会议一并召开），应急办及时将会议决策形成文件下发至各部门（单位），必要时由总指挥签发指挥令。会商会议由抢险总指挥部总指挥或副总指挥主持，八个专业工作组组长及相关人员参会。会议主要议程如下：

（一）听取各专业工作组汇报。

（二）应急办通报天气变化趋势，分析当前形势和预期判断（尽量提供灾情分布图）；抢修复电组通报外单位抢修工作安排及工作开展情况；安全督导组汇报外单位支援现场抢修复电安全督导工作安排及存在问题；物资保障组汇报外单位支援现场抢修物资供应情况及存在问题；综合保障组汇报后勤保障及应急通信保障情况；新闻宣传组汇报新闻宣传及党建引领情况。

（三）组织讨论应对措施、行动方案、资源调配等工作部署，由总指挥或副总指挥决策；

会议期间由电网企业应急办做好会议记录，在会后与内部抢险工作会商内容合并，第一时间下发并监督落实，记录模板和会议决策下发模板见表 1-1。

表 1-1　记录模板

专业组名称	本专业组灾情统计及应急处置情况汇报	提出的会商意见或建议	会商会议采纳情况
抢修复电组			
调度工作组			
信息安全组			
客户保障组			
物资保障组			
安全督导组			
综合保障组			
新闻宣传组			

1.1.3 向上级电网公司提出灾后抢修复电支援需求表（模板）

向上级电网公司提出灾后抢修复电支援需求表（模板）见表 1-2 ～表 1-4。

表 1-2　XX 电网企业（受灾地区）抢修支援人员需求表

序号	专业	人数	到达地点	到位时间	备注

表 1-3　XX 电网企业（受灾地区）抢修工器具需求表

序号	工具名称	型号	数量	到达地点	到位时间	备注

表 1-4　XX 电网企业抢修支援发电装备需求表

序号	发电机 / 发电车	容量	到达地点	到位时间	备注

1.1.4 外单位支援电网企业灾后抢修复电现场指挥部（范本）

外单位支援电网企业灾后抢修复电现场指挥部（范本）见图 1-3。

关于成立 ××× 单位支援 ××× 电网企业抗击 ××× 抢险现场指挥部的通知

本部各部门、直属各单位：

为全力做好抗击 ××× 灾后抢修复电工作，集中力量攻坚克难，经网公司抢险总指挥部认真研判受灾情况，决定由 ××× 电网企业组织抢修力量赴 ××× 电网企业 ××× 电网企业支援灾后抢修，并同步成立 ××× 电网企业抗击 ××× 现场指挥部，统一指挥、协调各项工作。

一、成立 XXX 现场指挥部

组长：受支援的单位主要负责人

副组长：××× 电网企业抢险总指挥部抢修复电组副组长、受支援的属地电网企业负责人、支援单位应急队伍负责人

成员：支援与受支援单位相关人员

联络人：支援与受支援电网企业安监部门主要负责人、××× 电网企业抢险总指挥部抢修复电组成员

职责：负责灾后抢修复电工作的工作布置，监督指挥支援抢险工作的实施，负责支援工作的具体联系、对接、发电车及应急抢修设备的调配、现场处理、支援人员的后勤服务等。

二、工作要求

（一）抢险工作应按照《关于加强 ××× 影响期间灾中防御和灾后抢修人身风险管控工作的通知》要求进行，认真落实《安规》关于抢修复电的相关规定，确保安全第一。

（二）请受支援电网企业协助支援单位组织一套完备的抢修力量，包括安全监督人员、快速复电人员、外协抢修队伍以及抢修必备的车辆、工器具等，确保能够快速投入工作。

（三）抢修复电工作应服从前线抢险指挥部的总体部署，以支援单位力量为主，按照分片区包干原则开展抢修复电。必要时，受支援电网企业派遣 1–2 名熟悉现场环境的作业人员协助支援电网企业支援队伍开展工作。

（四）请受支援电网企业做好相关工作交接，协助 ××× 电网企业抢险指挥部做好后勤保障工作。

特此通知。

图 1–3　外单位支援电网企业灾后抢修复电现场指挥部（范本）

1.1.5 外单位支援公司灾后抢修复电现场指挥部人员信息表（模板）

外单位支援公司灾后抢修复电现场指挥部人员信息表（模板）见表 1-5。

表 1-5　　外单位支援公司灾后抢修复电现场指挥部人员信息表

序号	日期	值班干部		值班联络员		在岗值班人数	备注
		姓名	手机	姓名	手机		
1							
2							

1.2 外单位人员及装备

外单位人员及装备见图 1-4。

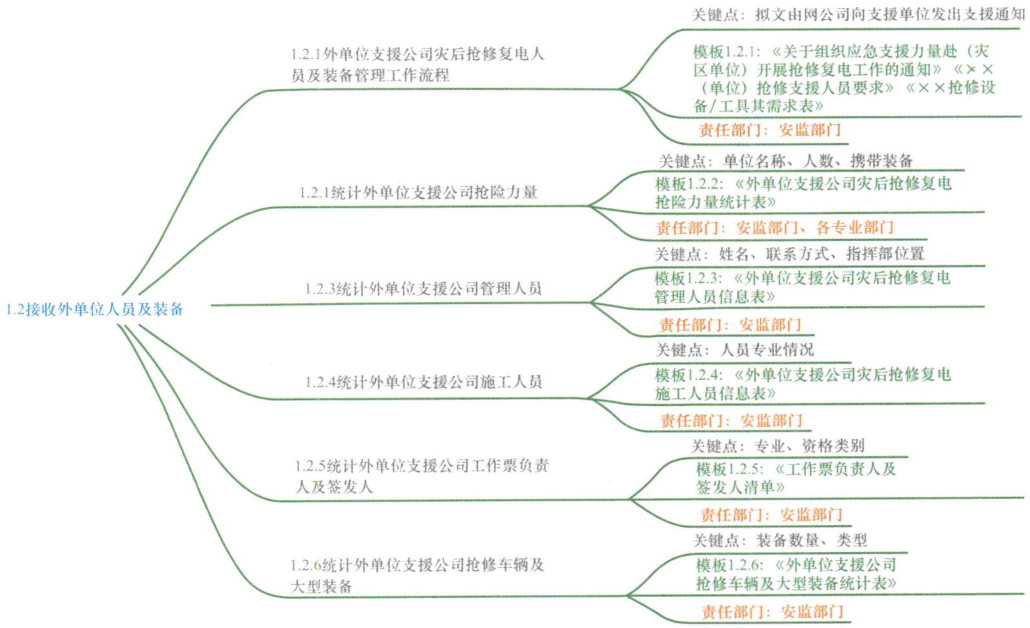

图 1-4　外单位人员及装备

1.2.1 外单位支援灾后抢修复电人员及装备管理工作指引

1.2.1.1 拟文由上级电网公司向支援单位发出支援通知

拟文由上级电网公司向支援单位发出支援通知见图 1-5。

关于组织应急支援力量赴（灾区单位）开展抢修复电工作的通知

××单位：

________年____月____日，（单位）受____灾害影响较大。经研究，决定派出____________________（单位）应急力量前往____________________（单位）开展抢修复电支援工作，人员、装备及到位要求见附表。

请各支援单位迅速成立抢修指挥部，于____月____日____时前将赴（灾区单位）应急队伍及应急装备明细报×××电网企业应急办公室，并按照要求及时到位，与受灾（单位）密切配合，全力做好灾区抢修复电工作，请受灾（单位）做好应急支援工作的接洽与指引。

×××电网企业应急办公室联系人：××××，电话：××××

受灾（单位）应急办公室联系人：××××，电话：××××

XX（单位）抢修支援人员要求

序号	专业	人数	到达地点	到位时间	备注

XX（单位）抢修设备 / 工器具需求表

序号	设备 / 工具名称	型号	数量	到达地点	到位时间	备注

图 1-5　向支援单位发出支援通知

1.2.2 外单位支援公司灾后抢修复电抢险力量统计表（模板）

外单位支援公司灾后抢修复电抢险力量统计表（模板）见表 1-6。

表 1-6　　外单位支援公司灾后抢修复电抢险力量统计表

填报单位：×××　　　　填报时间：××××年××月××日

序号	填报单位	抢险队伍类型	支援单位	支数	人数	携带装备（型号）	工作地点、工作时间、完成任务情况	被派出单位名称
总计								

1.2.3 外单位支援公司灾后抢修复电管理人员信息表（模板）

外单位支援公司灾后抢修复电管理人员信息表（模板）见表 1-7。

表 1-7　　外单位支援公司灾后抢修复电管理人员信息表

序号	各外援单位名称	队伍岗位	姓名	手机号码	微信号	年龄	性别	职称	职务	参援人数	现场指挥部位置（含凯立德 K 码）	备注
1	XX 电网企业	队长	张三	139XXXXXXXX						XX		
2	XX 电网企业	后勤负责人	张三	139XXXXXXXX						XX		
3	XX 电网企业	XX 负责人	张三	139XXXXXXXX						XX		

1.2.4 外单位支援公司灾后抢修复电施工人员信息表（模板）

外单位支援公司灾后抢修复电施工人员信息表（模板）见表 1-8。

表 1-8　　外单位支援公司灾后抢修复电施工人员信息表

序号	各外援单位名称	队伍岗位	姓名	手机号码	微信号	年龄	性别	职称	职务	备注
1	XX 电网企业	队员	张三	139XXXXXXXX						
2	XX 电网企业	队员	张三	139XXXXXXXX						

1.2.5 外单位支援灾后抢修复电施工单位工作票负责人及签发人清单（模板）

外单位支援灾后抢修复电施工单位工作票负责人及签发人清单（模板）见表 1-9。

表 1-9　　支援单位工作票签发人、工作负责人名单

支援单位：　　　　　　　　　　　　　　　　总指挥签名：

序号	单位	姓名	身份证号	性别	专业	资格类别	手机

制表人：　　　　　　　　　　　　　　　　日期：

1.2.6 外单位支援抢修车辆及大型装备统计表（模板）

外单位支援抢修车辆及大型装备统计表（模板）见表 1-10。

表 1-10　　外单位支援抢修车辆及大型装备统计表

单位	发电车	发电机	直升机组	无人机组	激光雷达	照明灯塔	液压机	机动绞磨	牵张机	焊机	吊车	钩机	大型车辆	配套组塔工具	卫星电话
合计															

1.3 后勤保障

后勤保障见图 1-6。

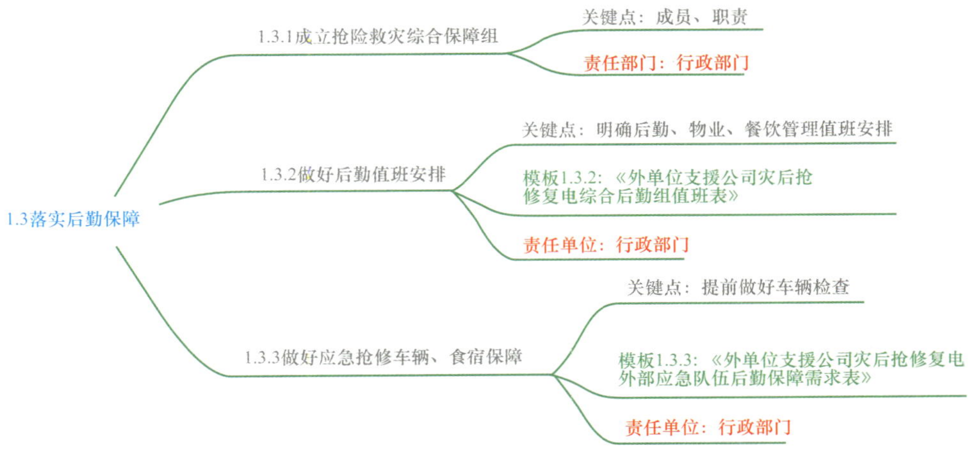

图 1-6　后勤保障

1.3.1 外单位支援灾后抢修复电外部应急队伍后勤保障机制

进入灾后抢险救灾阶段，按照公司抢险救灾总体工作部署，办公室成立抢险救灾综合保障组，下设安保、物业、后勤综合、车辆、小型基建五个专业，由综合保障组统一指挥、协调和部署抢险工作。提前梳理电网企业接待合格供应商名录，为支援公司的外单位提供当地住宿资源、车辆保养资源、饮食资源以及医疗保健资源联系方式。

1.3.2 外单位支援灾后抢修复电综合保障组值班表（模板）

外单位支援灾后抢修复电综合保障组值班表（模板）见表 1-11。

表 1-11　外单位支援灾后抢修复电综合保障组值班表

序号	部门科室	带班值守人员姓名	手机	在岗值班人数	带班值守人员姓名	手机	在岗值班人数
		时间：× 月 × 日，× 时至 × 时			时间：× 月 × 日，× 时至 × 时		
1	综合保障组组长	×××			×××		
2	安保	×××			×××		
3	物业	×××			×××		
4	车辆	×××			×××		
5	综合后勤	×××			×××		
6	小型基建	×××			×××		

1.3.3 外单位支援公司灾后抢修复电外部应急队伍后勤保障需求表（模板）

外单位支援公司灾后抢修复电外部应急队伍后勤保障需求表（模板）见表 1-12。

表 1-12　　外单位支援公司灾后抢修复电外部应急队伍后勤保障需求表

序号	专业	内容	数量	负责人	备注
	安保				
	物业				
	车辆				
	综合后勤				
	小型基建				

2 | 现场实施

2.1 现场指挥部

现场指挥部见图 2-1。

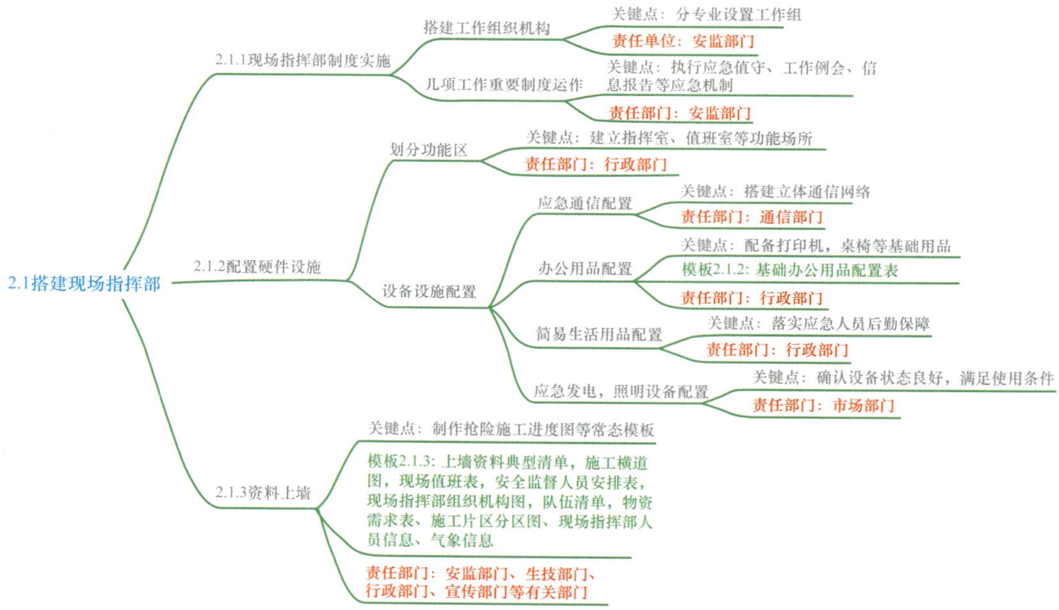

图 2-1　现场指挥部

2.1.1 现场指挥部搭建工作指引

2.1.1.1 现场指挥部设置总指挥和副总指挥，并由支援单位和公司应急指挥中心指定。各成员由现场总指挥和副总指挥指定各相关专业部门人员参加。

2.1.1.2 现场指挥部根据实际需要，可视情况设置应急工作组，一般可下设抢修复电组、供电保障组、物资保障组、安全督导组、综合保障组、新闻舆情组等；各工作组组长由现场指挥部总指挥指定，各工作组可由各专业部门人员组成。

2.1.2 硬件设施配置标准

2.1.2.1 现场指挥部的基础设施要求是“二室”，即指挥室、值班室。

2.1.2.2 现场指挥部设备、设施配置主要包括四个方面：

（1）应急通信设备：电话、手机、对讲机、卫星电话等；

（2）简易生活用品：饮用水、即食食品、折叠床、棉被等；

（3）应急发电（机）车、照明设备。

（4）基本办公用品：打印机、传真机、电脑、办公桌、椅、应急灯、手电、公告牌、办公用笔、纸张等。

具体配置标准可参考表 2-1。

表 2-1　抢险救灾现场指挥部搭建物品配置标准表

序号	名称	单位	配置数量
1	投影仪	台	1
2	投影布	块	1
3	纸张（A4，盒）	箱	5
4	纸张（A3，盒）	箱	2
5	油性笔	支	5
6	小白板	个	1
7	白板笔	支	5
8	文件夹	个	30
9	剪刀	把	2
10	纸刀	把	1
11	笔记本	本	30
12	签字笔	支	30
13	铅笔	支	30
14	荧光笔	支	30
15	胶水	支	15
16	订书器、订书钉	个	10
17	回形针	盒	10
18	复印机	台	1
19	排插	个	10
20	传真机	台	1
21	彩色打印机	台	2
22	打印机墨盒	个	10

续表

序号	名称	单位	配置数量
23	扫描仪	台	1
24	笔记本电脑	台	1
25	3G/4G 上网卡	个	1
26	充电宝	个	10
27	手机充电器（线）	套	10
28	指挥部帐篷	个	2

2.1.3 上墙资料

上墙资料见表 2–2。

表 2–2　　上墙资料清单

序号	资料名称	负责部门	备注
1	现场指挥部 VI 标识	宣传部门	
2	施工进度横道图	生技部门	
3	现场指挥部值班表	安监部门	
4	现场安全监督人员安排表	安监部门	
5	现场指挥部机构图	安监部门	
6	应急队伍清单	生技部门	
7	近期物资需求表	生技部门	
8	应急抢险施工片区分布图	生技部门	
9	现场指挥部人员信息表	安监部门	
10	每周及每日气象信息	安监部门	

（1）制作“×× 电网企业灾后抢修复电现场指挥部”标识（带国家电网或南方电网 VI 标识），宣传部门负责制作。

（2）施工进度横道图（生技部门负责制作和完善）。

施工进度横道图（生技部门负责制作和完善）见表 2–3。

表 2–3　　施工进度表

单位	电压等级	设备设施名称	进度情况（横道图）		计划完成时间	实际完成时间
区电网企业	施工对象电压等级	具体名称（双重编号和地址）		百分比	0 具体时间	具体时间

（3）现场指挥部值班表（由安监部门负责统计安排）。

现场指挥部值班表（由安监部门负责统计安排）见表 2-4。

表 2-4　　现场指挥部值班表

<table>
<tr><th rowspan="2">序号</th><th rowspan="2">日期</th><th colspan="2">值班干部</th><th colspan="2">值班联络员</th><th rowspan="2">在岗值班人数</th><th rowspan="2">备注</th></tr>
<tr><th>姓名</th><th>手机</th><th>姓名</th><th>手机</th></tr>
<tr><td></td><td>持续至抢险救灾工作结束</td><td>具体指挥人员</td><td></td><td>具体协调联络人员</td><td></td><td>总体值班人数</td><td>其他事项</td></tr>
<tr><td></td><td></td><td></td><td></td><td></td><td></td><td></td><td></td></tr>
</table>

（4）现场安全监督人员安排表（由安监部门负责统计安排）。

现场安全监督人员安排表（由安监部门负责统计安排）见表 2-5。

表 2-5　　现场指挥部值班表

<table>
<tr><th colspan="5">电网企业抢险救灾现场安全督导工作组人员安排</th></tr>
<tr><th>层级</th><th>组别</th><th>职责</th><th>督导组名单</th><th>联系方式</th></tr>
<tr><td rowspan="2">供电企业层面</td><td rowspan="2">安全督导组</td><td rowspan="2">发布电网企业层面抢修安全工作提示、收集各层级抢修作业计划信息，制定电网企业层面抢修作业过程安全监督计划并实施现场督导</td><td>组长：</td><td></td></tr>
<tr><td>组员：</td><td></td></tr>
<tr><td rowspan="9">各基层单位层面</td><td rowspan="3">输电督导组</td><td rowspan="9">发布本单位抢修安全工作提示、收集本单位抢修作业计划并上报电网企业安全督导组，制定本单位抢修作业过程安全监督计划并实施现场安全监督，按要求反馈本单位抢修作业现场安全监督情况</td><td>组长：</td><td></td></tr>
<tr><td>组员：</td><td></td></tr>
<tr><td>组员：</td><td></td></tr>
<tr><td rowspan="3">变电督导组</td><td>组长：</td><td></td></tr>
<tr><td>组员：</td><td></td></tr>
<tr><td>组员：</td><td></td></tr>
<tr><td rowspan="3">区电网企业督导组</td><td>组长：</td><td></td></tr>
<tr><td>组员：</td><td></td></tr>
<tr><td>组员：</td><td></td></tr>
<tr><td rowspan="2">施工队伍层面</td><td rowspan="2">××公司督导组</td><td rowspan="2">发布本单位抢修安全工作提示、收集本单位抢修作业计划并上报电网企业安全督导组，制定本单位抢修作业过程安全监督计划并实施现场安全监督，按要求反馈本单位抢修作业现场安全监督情况</td><td>组长：</td><td></td></tr>
<tr><td>组员：</td><td></td></tr>
</table>

（5）现场指挥部机构图（由安监部门负责制作）。

现场指挥部机构图（由安监部门负责制作）见图 2-2。

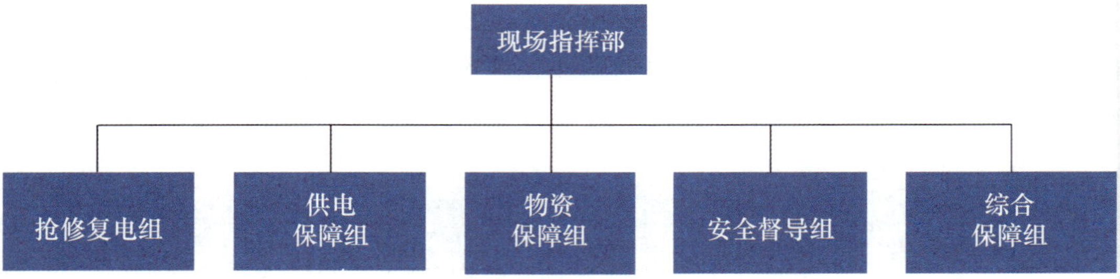

- 总指挥人员及职责：×××。职责：①接受各组组长汇报；②重大问题协调决策。
- 副总指挥人员及职责：×××。职责：①协助总指挥开展重大问题协调决策；②总指挥离开工作岗位时，具体履行总指挥职责。
- 抢修复电组人员名单及职责：×××。职责：①负责应急抢修队伍的组织和调配；②负责发电设备的调配工作；③负责确定抢修方案、作业表单和施工作业票。
- 供电保障组人员名单及职责：×××。职责：①统筹组织协调用户应急电力供应工作；②负责了解用户电力设施受损情况，紧急制定并落实对重点场所及用户的保供电措施；③通过服务热线获取用户停电信息，及时传递到应急办，定时统计报送，重大信息及时上报。
- 物资保障组人员名单及职责：×××。职责：①负责抢修物资的应急采购工作；②负责确保应急期间应急物资的调拨与配送。
- 安全督导组人员名单及职责：×××。职责：①承担应急指挥中心办公室职责，负责应急总体协调；②抢修作业现场安全监管；③统计上报因灾损失表，每日组织编制并发布简报。
- 综合保障组人员名单及职责：×××。职责：①负责灾害发生期间的应急后勤工作；②负责新闻宣传工作，负责对外发布抢险救灾有关报告、报道和通报。

图 2-2　现场指挥部机构图

（6）应急队伍清单（由生技部门统计并反馈安监部门备案）。

应急队伍清单（由生技部门统计并反馈安监部门备案）见表 2-6。

表 2-6　应急队伍清单

序号	单位	队伍负责人	联系方式	专业	总人数
	内外部队伍所属单位	带队负责人	手机号	主配网	包括管理和施工人员
总计					

（7）近期物资需求表（由各生产单位填写，生技部门收集统计并反馈物资部门）。

近期物资需求表（由各生产单位填写，生技部门收集统计并反馈物资部门）见表 2-7。

表 2-7　近期物资需求表

序号	需求单位	物资装备名称	型号	数量	到达地点	到位时间
	各生产单位	具体名称	具体型号		具体配送地点	要求到达现场的时间

（8）应急抢险施工片区分布图（生技部门组织编制）。

根据现场实际由设计院协助编制并上墙。

（9）现场指挥部人员信息表（安监部门负责收集统计详细人员信息）。

现场指挥部人员信息表（安监部门负责收集统计详细人员信息）见表 2-8。

表 2-8　现场指挥部人员信息表

序号	部门（单位）	姓名	工作岗位	手机长号	备注

（10）每周及每日气象信息（由安监部门或三防管理部门统筹发布）。

每周及每日气象信息（由安监部门或三防管理部门统筹发布）见图 2-3。

■ **本周天气持续炎热，** ×× 月 ××～×× 月 ×× 日晴天到多云，中午前后阳光猛烈，最高气温持续在 ××℃左右。×× 月 ×× 日～×× 日（周末）多云，部分时间有阵雨或雷阵雨

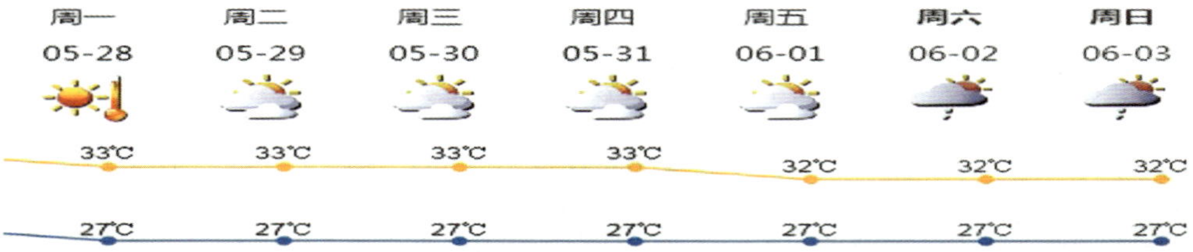

图 2-3　每周及每日气象信息

2.2 灾情勘查

灾情勘查见图 2-4。

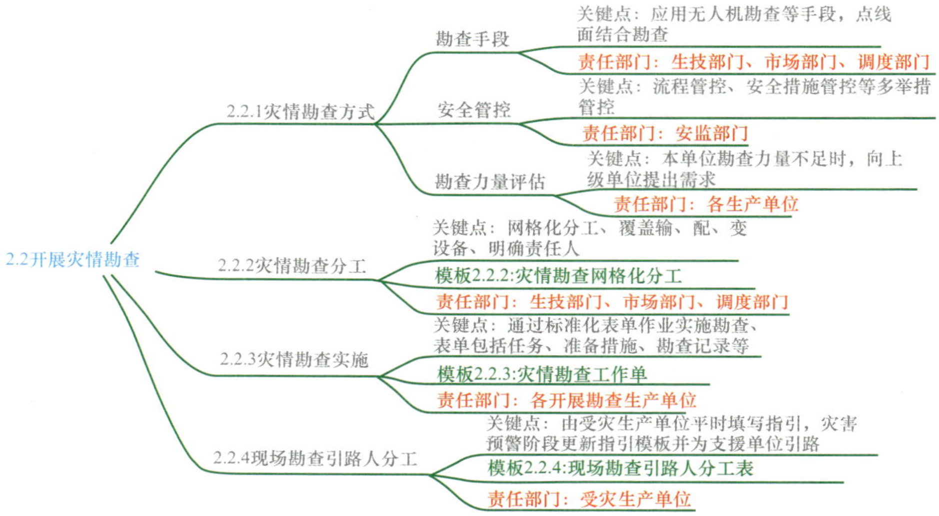

图 2-4　灾情勘查

2.2.1 灾情勘查方式及工作指引

（一）现场勘查方式

灾情勘查方式主要有无人机巡视、人工巡视、在线监测巡视、试验检测 4 种方式，受灾单位原则上应在抢修任务分派前完成灾情核查工作，当本单位力量不足时，可向支援单位应急队伍申请灾情勘查协助。

灾情勘查协助工作应做好现场安全交底，并在受灾单位设备运维班组人员的带领下开展，过程中应按照灾情核查工作单做好相关记录。

灾情勘查过程中，核查人员应始终认为线路及设备带电，不得擅自处理任何故障；如发现因受灾设备影响，危及人身和财产安全等紧急情况时，在确保安全的情况下可采取紧急措施切断电源，采取紧急措施后应及时汇报；对不能自行处理的，应立即汇报并做好临时安全措施，等待处理。

（二）现场勘查人员要求

（1）抢修作业前应进行现场勘查，一般抢修任务由外单位抢修队伍工作负责人组织开展现场勘查，本单位设备运维责任人作为引路人参与。

（2）大型抢修作业由抢修队伍总指挥组织现场勘查，参与勘查人员包括：外单位抢修队伍工作负责人、本单位设备运维责任人。大型抢修作业是指 10kV 线路全停且同时作业人数超过 150 人的作业项目。

（三）现场勘查内容

现场勘查内容包括作业范围内设备、设施、标识与图纸的一致性；摸清作业地段的电源侧和负荷侧，以及存在反送电可能的位置，根据邻近的带电线路和设备、地形环境情况、需保留的带电设备，确定作业停电范围和装设地线位置，勘查需停电的断路器、隔离开关是否完好，地线装设位置是否安装方便；在充分利用原有设备、材料的基础上，准确编制作业所需的物资清单，明确物资名称、规格型号、数量，逐条物资明细确定需要到货的时间；根据作业类型和现场环境，确定作业所需设备材料、工器具、车辆、作业人员种类和数量；核查占用机动车道、邻近人口密集的地段，确定交通警示牌设置位置和作业现场围蔽范围；初步确定作业方法和流程；全面核查现场作业条件，辨识作业风险，确定抢修作业项目分类（分为大型抢修作业、复杂环境作业、10kV 架空线路停电更换杆塔、配电变压器停电更换、低压架空线路停电更换电杆以及其他作业项目）。

（四）现场勘查记录

现场勘查结果应在勘查工作单上进行记录，现场勘查记录应完整、详实、准确。

2.2.2 灾情勘查工作单（模板）

灾情勘查工作单（模板）见表 2-9。

表 2-9　　灾情勘查工作单

支援单位班组		作业设备所属运行单位	
工作任务			
勘查时间	年　月　日	勘查范围	
勘查人员签名	勘查人员共计人。工作负责人：　。 运行单位勘查人员：　。 支援单位勘查人员：　。		
一、核查准备			
出发前准备	工器具	望远镜确认（　）、数码照相机确认（　）、个人工具确认（　）、PDA 确认（　） 其他	
	资料	单线图确认（　）、线路或台区（低压线路）路径图确认（　） 其他	

续表

风险评估及风险预控措施	触电	（1）沿线路外侧行走，大风应沿线路上风侧行走； （2）发现导线断落地面或悬吊空中，应设法防止行人靠近断线点 8 m以内，并迅速报告领导，等候处理； （3）单人巡视过程严禁攀登杆塔，禁止修剪可能触及带电设备的树木	确认（ ）
	坠落	（1）巡视时禁止攀登树木和杆塔； （2）偏僻山区、夜间巡线时必须两人进行，选择恰当的巡视路径，防止失足跌落及山泥倾泻	确认（ ）
	交通意外	（1）恶劣天气，特别要做好出车前的检查； （2）夜间巡视需穿着反光衣	确认（ ）
	溺水	过河时，不得趟（游）不明深浅的水域，过桥时要提防桥有坍塌危险，要小心防止落水	确认（ ）
	其他	（1）灾情核实过程中，核查人员应始终认为线路及设备带电，不得擅自处理任何故障； （2）如发现因受灾设备影响，危及人身和财产安全等紧急情况时，应及时汇报并做好临时安全措施，等待处理	确认（ ）
	新增风险及控制措施		确认（ ）
	作业人员清楚工作任务和作业环境情况		确认（ ）
			确认（ ）
周边环境和交通特点			确认（ ）
			确认（ ）
			确认（ ）
			确认（ ）

二、灾情记录	
1	
2	
3	
4	
5	
6	
7	

2.2.3 灾情勘查网格化分工（模板）

灾情勘查网格化分工（模板）见表 2-10。

表 2-10　　灾情勘查网格化分工表

设备类别	灾情勘查方式	勘查负责单位	勘查负责人
输电线路	无人机巡视		
	人工巡视		
	在线监测巡视		
变电设备	无人机巡视		
	人工巡视		
	在线监测巡视		
	试验检测		
配电设备	无人机巡视		
	人工巡视		
	在线监测巡视		
	试验检测		

2.2.4 现场勘查引路人分工表

现场勘查引路人分工表见表 2-11。

表 2-11　　线路受灾现场勘查引路分工表

线路受灾现场勘查引路分工表 填报单位:　　　　自然灾害名称:						
序号	运行单位	输配电线路（主线）	支线名称	抗风能力评估	带领现场勘查联系人信息	
					姓名	电话号码
1						
2						

■ **填表要求：**

1. 基础数据部分由供电所及班组平时填写，自然灾害前进行核对更新；
2. 受灾情况部分有线路设备巡查人填写，信息收集报送人收集汇总上报防灾办领导小组；
3. 抢修复电计划及进度跟踪部分由防灾办领导小组或所长填写及安排。

2.3 施工前准备

施工前准备见图 2-5。

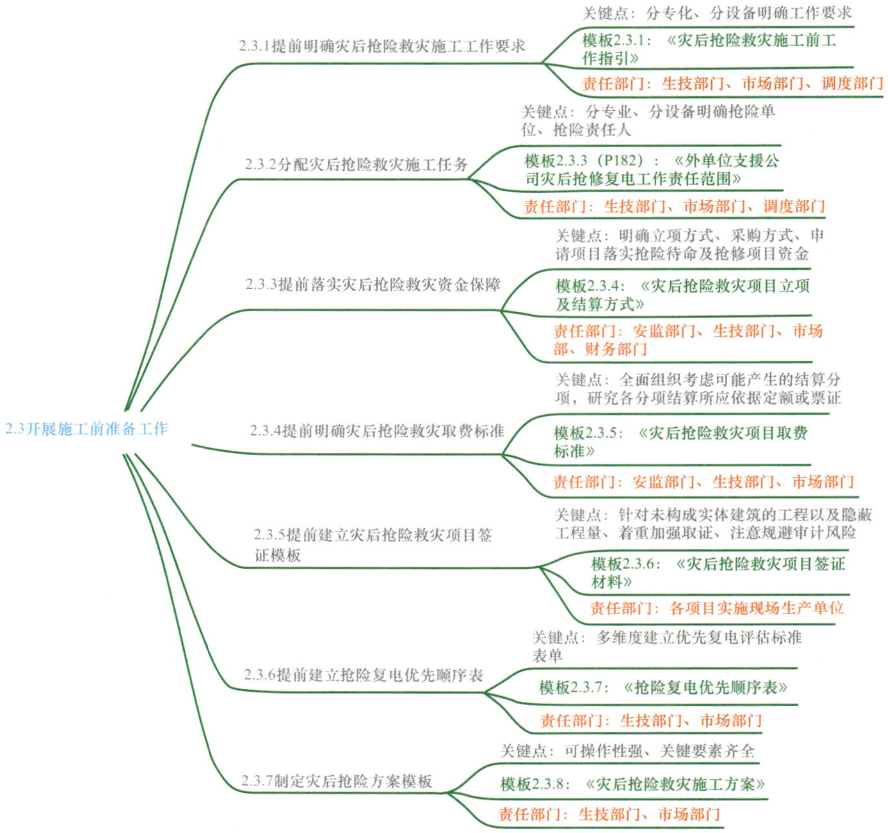

图 2-5　施工前准备

2.3.1 外单位支援电网企业灾后抢修复电施工前准备工作指引

（一）由本单位办理工作票，外单位抢修人员以外加入人员身份领取工作票分组单并确定分组负责人，由本单位工作负责人对各小组人责任进行统一安全交底，避免影响抢修复电进度。

（二）在同一条 10kV 线路上多个抢修队伍同时作业，或同塔多回线路、环网线路同时抢修作业时，存在较大的触电风险，应设置停送电总联系人，并在抢修方案中加以明确。停送电总联系人由本单位具备丰富运行经验、熟悉电网结构和线路运行方式的人员担任。各相关抢修队伍在办理工作许可手续之前，以及在线路送电前，必须征得停送电总联系人的同意。

（三）复电顺序是优先重要用户，10kV/20kV 主线路，公用配电变压器，最后配合用户恢复专用变压器供电。

2.3.2 外单位支援电网企业灾后抢修复电工作责任范围（模板）

外单位支援电网企业灾后抢修复电工作责任范围（模板）见表 2-12。

表 2-12 外单位支援电网企业灾后抢修复电工作责任范围表

设备类别	抢险救灾施工项目	抢修负责单位	抢修负责人
输电线路	铁塔抢修施工		
	线路本体抢修施工		
	电缆抢修施工		
	在线监测抢修施工		
	基础抢修施工		
变电设备	站内设施抢修施工		
	站外隐患抢修施工		
	设备抢修施工		
配电设备	台架抢修施工		
	线路本体抢修施工		
	配电设施抢修施工		
	隐患抢修施工		
	设备抢修施工		

2.3.3 外单位支援电网企业灾后抢修复电项目立项及结算方式（模板）

由受支援单位进行立项并组织开展结算工作，支援单位做好结算资料的准备工作。

（1）抢险救灾项目工作职责。

（2）抢险救灾项目立项。

1）抢险救灾项目申报书。

2）抢险救灾项目审批。

（3）抢险救灾项目结算。

1）抢险救灾项目结算书编写。

2）抢险救灾项目结算审批。

2.3.4 外单位支援电网企业灾后抢修复电项目取费标准

2.3.4.1 费用计算原则

（1）费用项目和计算规定按照国家能源局颁布的《电网技术改造工程预算编制与计算规定》和《电网检修工程预算编制与计算规定》执行。

（2）定额套用执行国家能源局颁布的《电网技术改造工程预算定额》《电网拆除工程预算定额》和《电网检修工程预算定额》。

（3）装置性材料预算价格参照《电力建设工程装置性材料预算价格》执行。

（4）材料市场价格按照实际合同购置价格计算，超出部分只计取税金，汇总计入编制基准期价差。

（5）建筑安装人材机费调整按照定额站发布的人材机调整系数执行，调整金额只计取税金，汇总计入编制基准期价差。

2.3.4.2 费用调整规则

（1）20kV 及以下配电网工程。

1）建筑安装（拆除）人工费、机械费按照定额人工费、机械费乘以调整系数进行调整并参与取费，调整系数见表 2-13。

表 2-13　　建筑安装（拆除）调整系数表

项目划分		调整系数	
		人工	机械
架空输电线路工程	杆塔	1.6	1.5
	导地线	1.8	1.6
	附件	1.8	1.6
	杆上变压器 20kV 及以下配网装置	1.8	1.6

2）建筑安装（拆除）措施费按照规定费率乘以调整系数进行调整，调整系数见表 2-14。

表 2-14　　建筑安装（拆除）措施费调整系数表

序号	取费项目	调整系数
1	临时设施费	2.4
2	施工机构转移费	
2.1	同一地区区县局内部调遣抢险承包商	1
2.2	同一地区区县局之间调遣抢险承包商	1.5
2.3	地区之间调遣抢险承包商	2.6
2.4	省际之间调遣抢险承包商	2.9

3）建筑安装（拆除）间接费按照规定费率乘以调整系数进行调整，调整系数见表 2-15。

表 2-15　　建筑安装（拆除）间接费调整系数表

序号	取费项目	调整系数
1	企业管理费	
1.1	同一地区区县局内部调遣抢险承包商	1
1.2	同一地区区县局之间调遣抢险承包商	1.5
1.3	地区之间调遣抢险承包商	2.6
1.4	省际之间调遣抢险承包商	2.9

（2）主网工程。

1）电网企业统一调拨的外援施工队伍人工单价调增 198 元 / 工日，本地施工队伍人工单价调增 132 元 / 工日，运输机械、挖掘机械和起重机械单价调增 550 元 / 台班，调增部分不参与取费。

2）措施费按《电网技术改造工程预算编制与计算规定》和《电网检修工程预算编制与计算规定》规定执行。如有特殊措施费，经受灾单位应急指挥中心审批后据实计列。

3）间接费按《电网技术改造工程预算编制与计算规定》和《电网检修工程预算编制与计算规定》规定执行。

4）拆除费用按《电网技术改造工程预算编制与计算规定》规定执行。

（3）设备费及设备材料运杂费。

1）设备价格按照供货合同价格（或协议价格）计算。

2）由项目法人单位供应设备、材料并供货到现场的，抢险承包商只计取卸车费和保管费，主设备按设备费的 0.5% 计算，其他设备按设备费的 0.7% 计算（其中 1/4 为卸车费，现场保管费为 3/4）。如材料供货商直接供货到现场，可按材料到货价计算 2% 的卸车及现场保管费（其中 0.5% 为卸车费，现场保管费为 1.5%）。

3）由项目法人单位供应设备、材料，抢险承包商组织运输到现场的，运杂费按照实际运输里程计算。

（4）其他费用。

1) 建设场地征用及清理费（检修场地租用及清理费）采用以下原则：

a. 线路施工赔偿费按照实际计算。

b. 余物清理费按照实际情况和需要清理的数量计算。

2) 项目管理费采用以下原则：

a. 工程监理费根据实际发生情况计列。

b. 其余项目管理费均不计取。

3) 项目技术服务费采用以下原则：

a. 工程勘测设计费根据实际发生情况计列。

b. 其余项目技术服务费均不计取。

4) 除上述费用外，其他费用均不计取。

（5）在抢险过程中，巡线、检查工作按运维费用计列。

2.3.4.3 配电网定额调整规则及其他

（1）架线签证应明确，若为蝶式绝缘子配线，定额子目已含安装支架，不再计取街码安装和蝶式绝缘子主材费；若沿电杆架空架设，根据实际敷设方式，无论采用横担或街码支撑，套用导线架设相应定额。

（2）线路清障按工日或台班签证。

2.3.5 外单位支援电网企业灾后抢修复电项目签证材料（模板）

外单位支援电网企业灾后抢修复电项目签证材料（模板）见表 2-16。

表 2-16　　灾后抢修复电项目签证材料

项目 / 标包		线路 / 配变工程名称	
建设单位（业主项目部）		设计单位	
监理项目部		施工单位	
抢险日期			
工程建设概况	主要工程量： 1. 2. 3. 4. 零星抢修部分： 1. 现场零星抢险工日： 2. 现场零星抢险材料： 3. 现场零星抢险车辆台班： 4. 现场零星抢险工器具台班：		
建设单位（业主项目部和运行部门意见及签章）：	设计单位（意见及签章）	监理项目部（意见及签章）	承包单位（意见及签章）

2.3.6 抢险复电优先顺序表（模板）

抢险复电优先顺序表（模板）见表 2-17。

表 2-17　　　　　　　　抢险复电优先顺序表

序号	重要客户基本信息								供电电源情况				自备应急电源情况		电源配置符合要求情况	
									供电电源 1		供电电源 2					
	客户编号	客户名称	客户类别	供电单位	重要等级	电压等级（kV）	报装容量(kVA)	保安负荷(kW)	供电线路	上级变电站	供电线路	上级变电站	自备应急电源容量（kW）	自备应急电源配比（%）	供电电源	自备应急电源

■ **说明：**

1. 供电电源配置要求：

（1）一级重要电力用户具备两路电源供电条件，两路电源应当来自两个不同的变电站，当一路电源发生故障时，另一路电源能保证独立正常供电；

（2）二级重要电力用户具备双回路供电条件，供电电源可以来自同一个变电站的不同母线段。

2. 自备应急电源配置要求：重要电力用户应按照国家有关规定、技术规范和标准合理配置自备应急电源，自备应急电源配置应符合以下要求：

（1）自备应急电源配置容量标准应达到保安负荷的 20%；

（2）自备应急电源启动时间应满足安全要求；

（3）自备应急电源与电网电源之间应装设可靠的电气或机械闭锁装置，防止倒送电。

2.3.7 灾后抢修复电实施方案（模板）

灾后抢修复电实施方案（模板）见图 2-6。

一、概况

（一）作业（抢修）相关单位

说明作业（抢修）项目、作业责任单位、运行维护单位。

（二）作业（抢修）范围及主要工程量

说明作业（抢修）项目、作业规模，列出抢修内容及作业量。

（三）作业（抢修）期限

说明计划开工日期、计划完工日期。

（四）编制依据

（五）主要风险概述

二、组织措施

（一）抢修现场组织机构

明确抢修现场组织机构及各级负责人员的姓名。

（二）各级人员职责

说明组织机构中各级人员的职责。

（三）施工机具配置情况

根据抢修项目、抢修的内容、性质、特点列出施工中需准备的各种工器具及数量，并说明用途。

（四）人员配置情况

根据抢修项目、抢修的内容、性质、特点列出抢修中需要的工种及数量。

（五）抢修现场平面布置图（非必要项）

按照抢修组织安排、抢修方案和作业进度要求，对抢修现场的交通道路，临时用水、电、生产和生活设施、设备、材料、机具、车辆的存放和加工现场等进行合理布置，绘制平面布置图，注明隔离闭锁要求。

三、风险评估及安全控制措施

根据作业风险评估标准，分析评估作业过程所带来人身、电网和设备安全风险，并针对存在的风险制定安全控制措施。

四、抢修进度计划

按照抢修方案、抢修日期、作业量及有关因素制定作业进度计划。

图 2-6　灾后抢修复电实施方案（模板）（一）

五、技术措施

（一）主要工序抢修流程图（非必要项）

（二）关键工序的技术要求及作业方法

（三）影响作业质量的薄弱环节及采取的预控措施

（四）投运送电工作要求

六、事故应急处置

包括：应急准备和响应组织准备（必备），作业现场的应急处理设备和设施管理（必备），对应风险导致的后果特别是人身伤害采取的应急措施。

图 2-6　灾后抢修复电实施方案（模板）（二）

2.4 施工物资装备

施工物资装备见图 2-7。

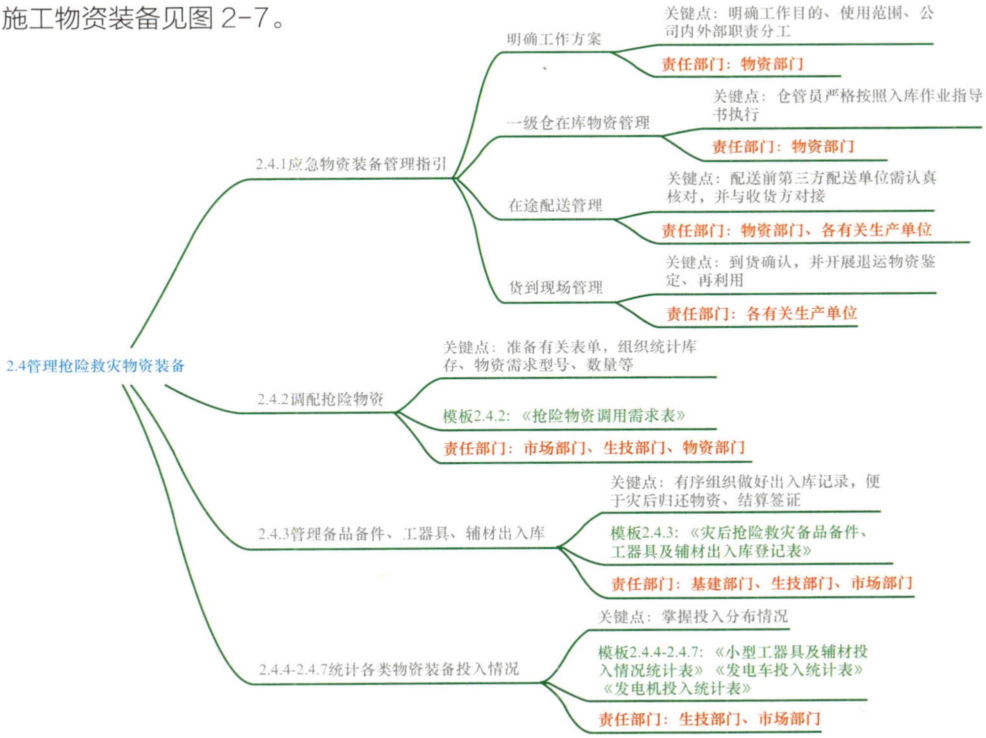

图 2-7　施工物资装备

2.4.1 外单位支援电网企业灾后抢修复电施工物资装备管理工作指引

（1）物资部门做好抢修物资调配工作，确保各抢修队伍灾后第一天抢修物资需求，避免出现停工待料现象。

（2）各生产单位急救包作为区域抢修物资配送点，物资配送到货后由各班组仓管员登记领出料情况。

2.4.2 外单位支援电网企业灾后抢修复电备品备件、工器具及辅材调配需求单

外单位支援电网企业灾后抢修复电备品备件、工器具及辅材调配需求单见表 2-18。

表 2-18　外单位支援电网企业灾后抢修复电备品备件、工器具及辅材调配需求单

序号类别	备品备件	调用需求数量	工器具	调用需求数量	辅材	调用需求数量
1						
2						
3						
4						

2.4.3 外单位支援电网企业灾后抢修复电备品备件、工器具及辅材出入库登记表（模板）

外单位支援电网企业灾后抢修复电备品备件、工器具及辅材出入库登记表（模板）见表 2-19。

表 2-19　外单位支援电网企业灾后抢修复电备品备件、工器具及辅材出入库登记表

序号	单位	时间	物品名称	规格型号	入库		出库			备注
					数量	单位	数量	单位	需求部门	

2.4.4 外单位支援电网企业灾后抢修复电小型工器具及辅材投入情况统计表（模板）

外单位支援电网企业灾后抢修复电小型工器具及辅材投入情况统计表（模板）见表 2-20。

表 2-20　外单位支援电网企业灾后抢修复电小型工器具及辅材投入情况统计表

序号	单位	时间	物资使用部门	物品名称	规格型号	数量	单位	备注

2.4.5 外单位支援电网企业灾后抢修复电备品备件、工器具及辅材领用及回收登记表（模板）

外单位支援电网企业灾后抢修复电备品备件、工器具及辅材领用及回收登记表（模板）见表 2-21。

表 2-21　外单位支援电网企业灾后抢修复电备品备件、工器具及辅材领用及回收登记表

序号	单位	时间	物资使用部门	物品名称	规格型号	数量	单位	备注

2.4.6 外单位支援电网企业灾后抢修复电发电车支援地点清单（模板）

外单位支援电网企业灾后抢修复电发电车支援地点清单（模板）见表 2-22。

表 2-22　　外单位支援电网企业灾后抢修复电发电车支援地点清单

序号	单位	发电车		
		数量及容量	工况	使用情况
1				
2				
3				
4				

2.4.7 外单位支援电网企业灾后抢修复电发电机支援地点清单（模板）

外单位支援电网企业灾后抢修复电发电机支援地点清单（模板）见表 2-23。

表 2-23　　外单位支援电网企业灾后抢修复电发电机支援地点清单

序号	单位	发电机		
		数量及容量	工况	使用情况
1				
2				
3				
4				

2.5 施工车辆

施工车辆见图 2-8。

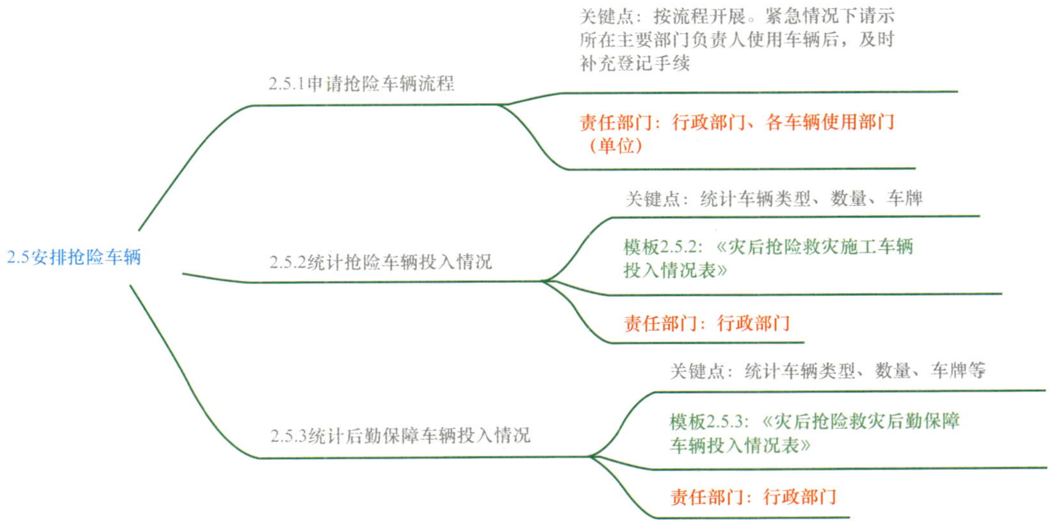

图 2-8　施工车辆

2.5.1 外单位支援电网企业灾后抢修复电施工车辆管理工作指引

按照电网企业抢险救灾总体工作部署，各部门单位抢险救灾应按照日常车辆使用审批流程进行用车申请，遇特殊情况在请示所在部门主要负责人的情况下，先使用后进行用车审批登记。

2.5.2 外单位支援电网企业灾后抢修复电施工车辆投入情况表（模板）

外单位支援电网企业灾后抢修复电施工车辆投入情况表（模板）见表 2-24。

表 2-24　　外单位支援电网企业灾后抢修复电施工车辆投入情况表

序号	车辆类型	车辆	数量	投入时间	备注

2.5.3 外单位支援公司灾后抢修复电后勤保障车辆投入情况表（模板）

外单位支援公司灾后抢修复电后勤保障车辆投入情况表（模板）见表 2-25。

表 2-25　　外单位支援公司灾后抢修复电后勤保障车辆投入情况表

序号	车辆类型	车辆	数量	投入时间	备注

2.6 安全管理

安全管理见图 2-9。

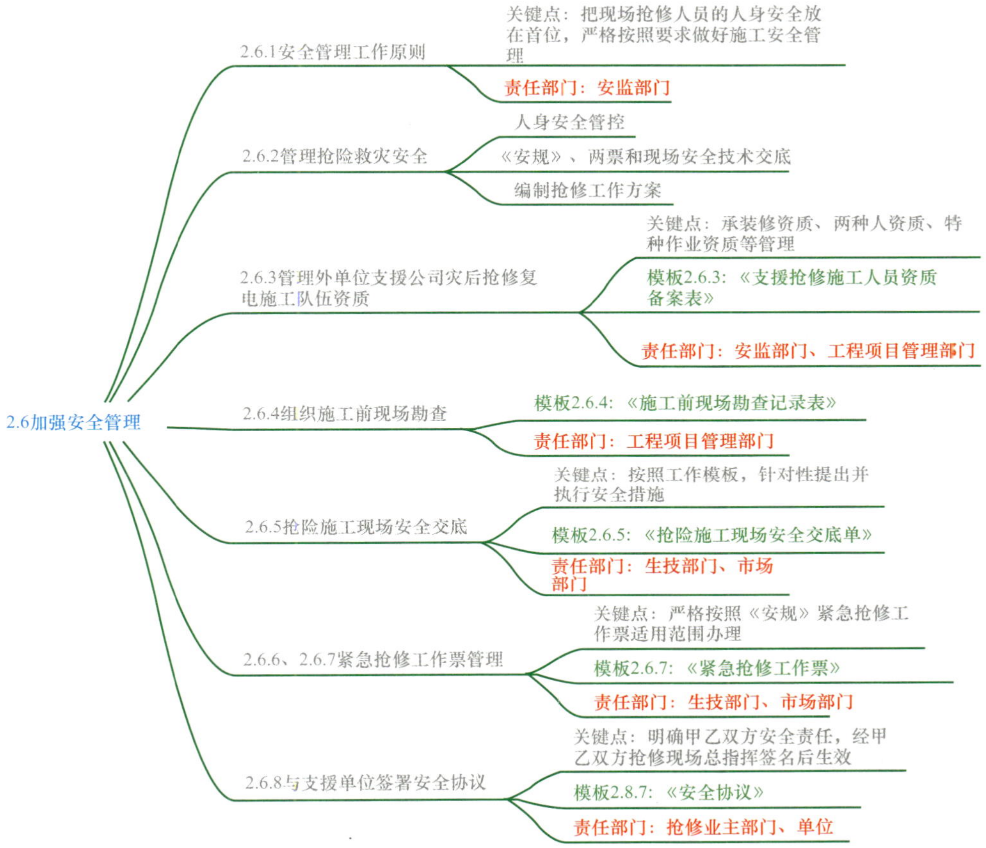

图 2-9　安全管理

2.6.1 外单位支援公司灾后抢修复电安全管理工作指引

外单位支援公司灾后抢修复电安全管理工作指引见图 2-10。

一、目标

（一）不发生电网大面积停电事故；

（二）确保涉港涉核供电稳定；

（三）不发生人身伤亡事故；

（四）确保重要用户和排灌站不停电。

图 2-10　外单位支援公司灾后抢修复电安全管理工作指引（一）

二、关于现场安全督查的要求

（一）外部抢修队伍应根据接受的抢修任务、参与的应急队伍及应急装备等情况，原则上按每15名抢修人员配置1名专职安全督查人员的标准，确定参与的安全督查人员数量，指定安全督查负责人。

（二）安全督查人员应跟随抢修队伍深入抢修现场，开展安全督查和指导工作；抢修现场至少应配置1名专职安全督查人员，负责现场安全督查和指导工作；至少应配置1名专职安全员，负责现场安全监护工作；专职安全员不得参与具体的抢修复电工作。

（三）安全督查人员应重点指导抢修现场辨识和控制风险，重点监督和指导抢修现场严格落实“十个规定动作”，确保抢修现场的安全保障措施充分、到位，确保现场施工、作业和人身安全。

（四）严禁在无专职安全督查人员、无专职安全员的情况下开展抢修复电工作，当抢修现场的安全督查力量不能满足实际要求时，应及时调整抢修任务和抢修范围，确保抢修工作得到有效的安全监督。

三、关于现场施工安全组织措施的要求

（一）核查外部抢修队伍的资质和人员的资质。

（二）抢修前，外部抢修队伍要与运行单位人员共同进行现场勘查，并确定抢修方案，所有的抢修工作必须要有经审批的抢修方案才能开展（经过运行单位和各支援队伍的领队或技术负责人的审批）。

（三）工作前，务必注意观察设备以及周围的情况，认真分析存在的风险，落实风险控制措施，如情况不明，不得冒险，不应盲动。

（四）抢修过程务必遵守“十个规定动作”：凭票工作（工作票、施工作业票、抢修票、抢修作业表单）、凭票操作、停电、验电、接地、穿工作服（防电弧服）、戴安全帽、系安全带、挂牌装遮拦、现场交底。

（五）故障跳闸时间超过24小时，按照《安规》要求，开始由抢修转正常检修，所有停电检修工作要进行停电申请和使用工作票，请各单位要及时协调人力资源，提前做好准备。

（六）请抢修队伍要做好故障排查工作计划，要求：即使高压抢修完毕，在没有确保所带低压台区全部巡查到位，确无故障情况下，也不可盲目送电，另外高低压同时有人工作时，必须分别作安全措施，分别送电，如需同时送电，需设立总负责人，做好信

图2-10 外单位支援公司灾后抢修复电安全管理工作指引（二）

息沟通，确保所有工作结束，人员撤离后，方可同时送电。

（七）多班组作业，务必设置总负责人，确保所有班组人员已撤离、安全措施已解除后，方可申请恢复送电。抢修工作由设备维护单位的专门负责人与调度联系，外单位不能直接对调度负责，并做好安全交底工作。

（八）配电线路抢修要按“先生活、后生产；先干线、后支线；先重点、后一般”原则，对重要用户和排灌站要优先进行抢修。

四、关于现场施工安全技术措施的要求

抢修工作务必落实各项安全技术措施，务必规范地使用安全工器具和个人防护用品，做好绝缘工器具的防潮保管，绝缘安全工器具受潮或淋湿，更换或干燥后才能使用。

各单位要做好防触电、防高处坠物、防范高处坠落、防山洪、防溺水、防塌方、防滑坡风险、防范倒杆风险

（一）防触电风险

1. 防范导线断落地面，通过地面、水或潮湿物体触电的措施：

（1）导线掉落在有水浸的地面，在做好安全措施（停电、接地）之前，有水浸的范围内禁止进入；

（2）导线断落在地面，在做好安全措施（停电、接地）前，禁止接近、移动、触摸导线；

（3）看守好现场，拉好警戒线，防范外人进入危险区域；

（4）做好安全措施（停电、接地等）后，才能进入上述区域。

2. 防范淋湿、受潮的绝缘安全工器具接触带电设备造成触电的措施：

（1）不使用淋湿、受潮的绝缘安全工器具；

（2）戴干燥的绝缘手套，穿干燥的绝缘靴；

（3）不站在水里工作；

（4）验电、接地要有防雨措施。

3. 如水浸电房，要在其他地方将电房停电、接地，做好安全措施后，才能进入电房；注意看守好现场，拉好警戒线，防止外人进入。

4. 导线断线后，如挂在空中或树枝等物件上，在做好安全措施之前，不得触碰导线，应看守好现场，拉好警戒线，防范外人进入危险区域。

图 2-10　外单位支援公司灾后抢修复电安全管理工作指引（三）

5. 务必做好低压反送电技术措施，断开检修地段所有有来电可能的开关、刀闸，并做好封闭地线。

6. 变压器、高压熔断器、断路器等水浸设备送电前要采用摇表进行测试，若发现绝缘偏低，则采用耐压试验方法检测，如不合格则更换，水浸设备未经试验合格，不得投入运行。

7. 低压台区要尽可能将用户表前断路器或隔离开关断开，认真检查全部设备良好，特别注意低压线路与弱电线路（有线电视线、通信线）混绕等问题，确保无安全隐患后才能对低压线路送电。送电前要通知村领导，由村领导通知村民，要求用户检查其用电设备后，再由用户自行合上表前断路器或隔离开关，恢复送电。

（二）防范高处坠物（如：树木等）风险：

1. 进入有高处物体的区域前，先注意观察高处物体是否有坠落的风险；

2. 尽量不在树木旁边停留；

3. 调度大楼、物流仓库工地，特别要注意先清除可能坠落的高处物件。

（三）防范高处坠落风险：

1. 穿防滑齿完好的软底鞋，登高前，擦干净鞋底；

2. 上杆作业前应检查杆塔及拉线情况和登杆工具，如电杆基础是否牢固，拉线是否松脱，脚扣、升降板、安全带、梯子等是否牢固、可靠、完整。

3. 扶好梯子，系好安全带。

（四）防山洪、防溺水、防塌方、防滑坡风险：

1. 情况不明的地段，不得盲目通过；

2. 水淹或淤泥地段、地点，不得冒险通过、进入；

3. 封路地段，不得进入；

4. 山边陡坡地段，不要久留。

（五）防范倒杆风险：

1. 到现场后，首先检查杆塔和杆塔基础；

2. 出现杆塔基础被冲刷，杆塔倾斜或有损伤、裂纹，断拉线或不牢等情况，不得登杆作业；

3. 禁止采用突然剪线等违章的方法松线。

（六）防起重伤害：

1. 风力大于5级时，不能登高作业；

图2-10 外单位支援公司灾后抢修复电安全管理工作指引（四）

2. 风力大于5级时，不能临近带电区域吊装作业；风力大于6级时不能进行所有吊装作业；

3. 高处作业时应有防物体坠落措施，高处作业下方不能有人逗留。

注：风力不能判断时不能冒险作业，要通过现场测试、气象网站、电话查询等方式了解清楚才能开展工作。

（七）防范交通事故：

1. 由于雨大、能见度差、路障多、刹车较差，务必注意观察路面、行人、车辆等状况；

2. 封路、情况不明的地段，不得进入；

3. 水淹地段，不得冒险通过；

4. 控制车速，严禁超速行驶，不开疲劳车。

五、应急抢修现场风险控制措施

（一）作业前个人防护准备

1. 检查安全帽、安全带是否完好有效，工作服、工作鞋是否完好。

2. 正确佩戴安全帽、安全带，正确穿着工作服、工作鞋。

（二）现场围蔽、警示标志

1. 在高处作业范围以及高处落物的伤害范围须围蔽，设置“禁止通行”安全警示标志，并设专人进行安全监护，防止无关人员进入作业范围和落物伤人。

2. 施工作业需占用机动车道时，必须在来车方向前50米的机动车道上设置交通警示牌，并将工作现场围蔽。

3. 夜间不能恢复道路原来状态时，应在警示牌上方悬挂红色警示灯。

4. 在公路或公路旁进行施工作业的工作人员，必须穿反光衣。路面应设置警示标志。

（三）安全技术交底

1. 抢修工作（含低压抢修）开工前，运行单位必须安排熟悉线路、设备情况的人员对外施工单位现场工作负责人进行全面的安全技术交底。

2. 抢修工作开工前，施工单位现场工作负责人必须向工作班成员宣讲工作票或施工方案内容，使参加工作的每个成员都知道工作时间、工作地点、工作内容、停电范围、邻近带电部位，交代现场安全技术措施、注意事项，明确分工和责任；做到所有工作人员明白后，方可开始工作。

图2-10　外单位支援公司灾后抢修复电安全管理工作指引（五）

（四）停电

1. 断开可能送电到工作地段的各端断路器、隔离开关和熔断器，断开后在操作机构悬挂“禁止合闸，线路有人工作”标示牌。

2. 断开危及作业的交叉跨越、平行或同杆线路的断路器、隔离开关和熔断器。

（五）验电

1. 在停电线路工作地段装接地线前，要先验电，验电使用试验合格的相应电压等级专用验电器。

2. 验电时，应戴绝缘手套，并有专人监护。

（六）接地

1. 严禁未经验明确无电压就挂接地线或合接地刀闸。

2. 凡有可能送电到工作地段的各来电侧，必须有效接地。

3. 若有感应电压反映在停电线路上时，应加挂接地线。

4. 装、拆接地线要严格按工作规定执行。注意人体不得碰触接地线，并保持相应电压等级的安全距离，应按照“先装接地端、后装导线端；先拆导线端，后拆接地端；先挂下层线路，后挂上层线路；先拆上层线路，后拆下层线路”的原则装拆接地线。

5. 防止用户乱接线或使用没有双投隔离开关闭锁上网的小型自备发电机从低压侧反送电，危及配网作业人员人身安全。所有低压用户，均应视为可以反送电的电源，必须采取防止反送电的安全技术措施。

（七）工作许可

1. 在开始工作前，必须履行许可手续。

2. 发生严重危及人身或设备安全情况，可以不经许可立即断开电源，但事后应立即报告上级。

3. 同一条线路只允许设置 1 个工作许可人，施工单位在办理许可手续之前必须先征得该线路“停送电总联系人”的同意。

（八）施工电源

1. 临时电源应使用有漏电保安器和插座的电源架（放线盘）。

2. 严禁用导线直接插入插座取得电源，插座与插头应配套、完好无损。

3. 电气设备和各类电动工具，其电机外壳必须有良好的接地。

图 2-10 外单位支援公司灾后抢修复电安全管理工作指引（六）

（九）运输

1. 车辆不得超载、人货混载，运输电杆、变压器和线盘必须绑扎牢固，防止滚动、移动伤人。

2. 装卸电杆应防止散堆伤人。

3. 多人抬杆必须同肩，步调一致，起放电杆时应互相呼应。

4. 凡用绳子牵引水泥杆上山，必须将水泥杆绑牢，钢丝绳不得触磨地面，爬山路线两侧 5m 以内，不得有人停留或通过。

（十）起重

1. 起重机械和起重工具的工作荷重不准超过铭牌规定。

2. 起重作业前，应对钢丝绳、滑车等进行常规外观检查，确保其性能良好。

3. 起重作业应专人指挥，并按规定的指挥信号、手势进行指挥。起重前必须先鸣喇叭，或向现场工作人员发出明确信号。

4. 现场工作人员和指挥人员应站在安全地方，防止被吊物件坠落伤人。

（十一）立、撤杆（塔）工作

1. 在杆根附近挖基础，应做好预防基坑塌方措施，防止基坑塌方引起杆根下沉造成的倒杆事故。

2. 立、撤杆要设专人统一指挥。

3. 立杆过程杆坑内严禁有人。除指挥人及指定人外，其他人员必须在远离杆下 1.2 倍杆高的距离以外。

4. 立杆及修整杆坑时，应采用叉杆和拉绳控制防止杆身滚动、倾斜。

5. 使用吊车立、撤杆时，钢丝绳套应吊在杆的适当位置以防止电杆突然倾倒。

6. 电杆起离地面后，应对各吃力点做一次全面检查，确无问题再继续起立，起立 60° 后应减缓速度，控制好后侧头部拉绳，防止过牵引。

（十二）杆（塔）、台架上工作

1. 在攀登杆塔前，必须认真核对设备名称、编号、位置，以防登错杆塔，误登其他带电杆塔。

2. 上杆前，应先检查杆根是否牢固；新立电杆在杆基未完全牢固以前，严禁攀登；遇有冲刷、起土、上拔的电杆，应先培土加固或支好杆架、或打临时拉绳后，再行上杆；凡松动导、地线，拉线的电杆，应先检查杆根，并打好临时拉线或支好杆架，再行上杆。

图 2-10　外单位支援公司灾后抢修复电安全管理工作指引（七）

3. 在杆塔或设备的构件等高处作业，上、下杆塔垂直或水平转移作业等，应采用水平安全绳、速差自控器或安全自锁器、防坠落装置等安全防护措施和扶手措施。安全带应系在电杆及牢固的构件上，防止安全带从杆顶脱出。作业及转移全过程不得失去保护。

4. 在高处作业时严禁抛接物品，高处作业人员应防止碰触落物伤人，使用的工具、材料应用绳索传递。

5. 与带电导线最小距离应保证不小于安全距离，10kV 及以下距离 0.7 米；35kV 距离 1 米。

（十三）放线、紧线、撤线

1. 放、撤线和紧线工作，应设专人统一指挥、统一信号。

2. 严禁采用突然剪断导、地线方法松线。

3. 放线、撤线前应先检查拉线、拉桩及杆根，如不能适用时应加设临时拉线加固。

4. 紧线时，应检查接续管或接线头以及滑轮、横担、跨越架、树木、房屋等有无卡住现象。工作人员不得站在导线的内角侧和上方，防止意外跑线伤人。

5. 放线、紧线、撤线必须采取有效的防导线磨刮措施，防止与其交叉跨越的带电线路、通信线路等作拉锯式磨刮损坏后引起触电事故。在拆旧线展放新导线过程中，禁止强行拉扯导线，要防止拉断导线碰触邻近带电线路引发触电事故。

（十四）砍伐树木

1. 不得攀登杆塔砍伐树木，树木、绳索不得接触导线，并与导线保持安全距离。

2. 上树砍剪树木时，不应攀抓脆弱和枯死的树枝。

3. 防止树木落在导线上，设法用绳索将其拉向导线相反的方向，严禁用手去取接触导线的树木。

4. 砍剪树木应有专人监护，不得有人逗留，防止砸伤行人。

（十五）工作终结

1. 完工后，必须认真检查旧线路是否已经拆离，防止新旧线路混接造成人身触电伤亡事故。

2. 完工后，工作负责人（包括小组负责人）必须检查线路检修地段的状况以及在杆塔上、导线上及绝缘子上有无遗留的工具、材料等，通知并查明全部工作人员确由杆塔上撤下后，再命令拆除接地线。接地线拆除后，不准任何人再登杆塔进行任何工作。

3. 完工后，运行单位必须组织人员进行验收。

图 2-10　外单位支援公司灾后抢修复电安全管理工作指引（八）

4. 线路上全部工作完成后，该线路“停送电总联系人”联系线路上全部抢修点施工队伍，确认“线路上所有工作已终结，临时安全技术措施已全部拆除，所有人员已撤离，线路已具备复电条件”。经“停送电总联系人”同意后，工作负责人方可办理工作终结手续。

（十六）恢复送电

在设备操作复电前，工作许可人应核实线路及厂站内所有工作票已终结；联系所有工作负责人核实“所有工作已结束，临时安全技术措施已拆除，人员已撤离，线路已具备复电条件”。严防发生漏拆接地线（或临时地线）送电造成误操作事故。送电一旦发现问题，应立即停止操作，及时汇报并查明原因后方可再送电。

图 2-10　外单位支援公司灾后抢修复电安全管理工作指引（九）

2.6.2 外单位支援公司灾后抢修复电现场施工安全管理要求

（1）现场安全管理和抢修作业中始终坚持把现场抢修人员的人身安全放在首位。在开展巡查、抢修作业前，要充分评估作业所面临的风险并充分做好保障人身安全的技术措施和组织措施，确保作业过程中的人身安全，确保灾中防御和灾后抢修工作忙而不乱、安全有序。

（2）严格执行《安规》、两票和现场安全技术交底制度。所有施工及作业前必须按规定办理工作票，工作负责人、监护人必须保证始终在作业现场并严格履行监护责任，必须坚决杜绝擅自扩大工作范围、超越工作票规定的作业界限等违章操作。作业前工作负责人必须对作业人员进行全面的安全技术交底，使作业人员全面了解、熟悉作业中的危险点及其控制措施。

（3）各抢险队伍应根据抢修任务及现场实际情况编写切实可行的抢修方案。抢修方案要突出对危险点的辨识、分析与控制，强化现场作业的安全技术措施和组织协调工作，落实安全技术措施和应急预案，突出对现场安全关键环节的控制，严禁盲目作业和冒险行为。在抢修过程中，重点落实以下防范措施：①作业前，必须查明设备确已停电并布置安全措施、具备工作条件，必须检查线路杆塔基础、构件、拉线是否稳固，绝缘子、金具、导线有无突然脱落的危险，必要时应采取有效的控制措施。②拆、组杆塔和紧放线作业时，必须预先查明沿线杆塔受力状况，必要时应采取有效措施，严防沿线相邻杆塔失稳倾倒。③高空作业时，必须将安全带系在牢固的挂点上，或使用可靠的防坠落保护装置等其他有效防坠措施，防止人员高空坠落。④移动或搬运器材器件时，必须查明所搬物体的重量和实际运动规律，必要时采取有效控制措施，防止移动和搬运过程中失去控制，击伤、挤伤人员。

（4）对采用自备发电机供电和配网、低压用户的线路施工时，要重点防止低压侧反送电情况，施工作业前必须落实设备的验电和接地保护，严禁擅自接电、送电。对线路跨越施工时，要注意导线断落或弹跳碰触带电线路，做好接地安全措施，防止交叉跨越触电事故。要做好临近带电设备场所抢修作业的风险管控，务必确保作业安全距离足够，防止发生导线摆动、树障以及误触碰等导致的人身触电事故事件。

（5）抢修工作中应注意把握和控制好施工作业节奏，在确保安全的前提下，科学安排工期，合理安排作业人员，要从工作经验、技术水平上做好作业人员的搭配，防止作业人员疲劳作业，加强施工过程中危险点的预控管理，对重要工序落实情况要进行有效的监督管理，防止由于赶工期、赶任务而发生事故事件。同时，要严格安全工器具、个人防护用品的配置和使用管理，杜绝由于不规范配置和使用安全工器具、个人防护用品造成的人身伤害事故事件。

（6）严禁约时停、送电。调度人员必须在接到工作结束、可以送电的申请，并核实工作人员和安全措施已全部撤出后，方可下达复电操作命令。操作人员必须严格按照调度命令进行复电操作。

2.6.3 外单位支援公司灾后抢修复电施工队伍资质审核要求

外单位支援公司灾后抢修复电施工队伍资质审核要求见表 2-26。

表 2-26　　参与支援抢修施工人员资质备案表

支援队伍名称		负责人		电话		
序号	施工人员姓名	施工资质		年龄	电话	备注

制表人：　　　　　　　　　　　　　　日期：

■ 说明：

（1）进入 ×× 区域的外来支援队伍，其所属工程公司必须有电力施工承装承试五级以上资质。
（2）施工单位的工作负责人及工作票签发人，必须具备公司公布的“两种人”有效资格。
（3）施工单位的工作班成员，必须经过安全教育培训并考试合格。考试成绩要由所在工程公司盖章确认。
（4）施工单位从事吊装、焊接等特种作业人员，必须持相应的特种作业资格证。
（5）施工单位自带或租用的各类机械及车辆，必须证照齐全，并在有效的检验合格期内。
（6）施工单位自带或租用的安全工器具及个人防护用品，必须在有效的检验合格期内。

2.6.4 施工前现场勘查记录表（模板）

施工前现场勘查记录表（模板）见表 2-27。

表 2-27　　施工前现场勘查记录表

记录人		勘查日期	年月日
勘查单位			
勘查负责人及人员			
工作任务			
重点安全注意事项			

2.6.5 抢险施工现场安全交底单（模板）

抢险施工现场安全交底单（模板）见表 2-28。

表 2-28　　　　抢险施工现场安全交底单

<table>
<tr><td colspan="3">工程项目名称：</td></tr>
<tr><td colspan="3">工作任务：</td></tr>
<tr><td colspan="3">工作地段：</td></tr>
<tr><td colspan="3">安全技术交底单位（运行单位）：</td></tr>
<tr><td colspan="3">接受安全技术交底单位（承包商或作业施工单位）：</td></tr>
<tr><td colspan="2">交底日期：　年　月　日</td><td>交底地点：</td></tr>
<tr><td rowspan="6">施工应采取的安全措施</td><td colspan="2">应拉断路器（开关）和隔离开关（刀闸）（注明编号）：</td></tr>
<tr><td colspan="2">应合接地开关（注明编号）、装接地线（注明确实地点）：</td></tr>
<tr><td colspan="2">应设遮栏、应挂标示牌（注明位置）：</td></tr>
<tr><td colspan="2">保留的带电线路或带电设备（注明确实地点）：</td></tr>
<tr><td colspan="2">线路重合闸或再启动功能投退要求：</td></tr>
<tr><td colspan="2">施工单位在工作现场自行装设的接地线（注明确实地点）：</td></tr>
<tr><td rowspan="5">注意事项</td><td colspan="2">对施工人员的要求：</td></tr>
<tr><td colspan="2">对施工机具的要求：</td></tr>
<tr><td colspan="2">对现场施工环境保护的要求：</td></tr>
<tr><td colspan="2">其他应采取的安全措施及注意事项：</td></tr>
<tr><td colspan="2">施工过程中与运行人员联系的有关事项：</td></tr>
<tr><td colspan="2">运行单位代表签名：</td><td>承包商或作业施工单位代表签名：</td></tr>
</table>

2.6.6 灾后抢险工作票取用原则

（1）以下工作需选用紧急抢修工作票。

1）紧急缺陷和需要紧急处置的故障停运设备设施的抢修工作。

2）灾后抢修工作。

（2）紧急抢修应使用紧急抢修工作票，紧急抢修作业从许可时间起超过 12 小时后应根据情况改用非紧急抢修工作票。抢修前预计 12 小时内无法完成的，应直接使用相关工作票。

（3）进行高压设备紧急抢修工作时，需填用紧急抢修工作票；进行低压设备紧急抢修工作时，外单位需填用紧急抢修工作票，本单位需填用书面形式布置和记录。

（4）《安规》第 3.28 条定义了“紧急抢修工作”的定义，强调了紧急抢修是“立即”进行的，如因其他原因导致多天后进行检修作业，不可再使用紧急抢修工作票。

（5）根据《安规》第 3.28 条、第 6.3.3.9 条，对于电网企业资产的低压用户表计发生故障需立即进行抢修的，外单位应办理紧急抢修工作票，本单位使用书面形式布置和记录。

2.6.7 灾后抢险工作票（模板）

灾后抢险工作票（模板）见表 2-29。

表 2-29 灾后抢险工作票

________紧急抢修工作票

编号：

启动抢修	抢修工作负责人（监护人）：________ 单位和班组：________ 负责人及工作班人员总人数共 ______ 人
	抢修任务（抢修地点和抢修内容）：
	安全措施及注意事项：
布置抢修	本项工作及主要安全事项根据抢修任务布置人________安排填写
抢修许可	经核实确认或需补充调整的安全措施： 工作许可人签名：________ 工作负责人签名：________ 时间：______ 年 ___ 月 ___ 日 ___ 时 ___ 分
抢修结束或转移工作票	抢修结束或转移工作票时间：______ 年 ___ 月 ___ 日 ___ 时 ___ 分 现场设备状况及保留安全措施： 工作负责人签名：________ 工作许可人签名：________ 时间：______ 年 ___ 月 ___ 日 ___ 时 ___ 分
备注： 灾后抢修专责监护人：	

2.6.8 外单位应急抢险队伍与公司设备运维部门签订安全协议书（模板）

外单位应急抢险队伍与公司设备运维部门签订安全协议书（模板）见图 2-11。

电网企业灾后抢修复电安全协议

受灾单位：________________________（以下简称甲方）

支援单位：________________________（以下简称乙方）

乙方接受南方电网公司调遣，支援甲方“××××”（风灾、水灾等名称）灾后抢修复电工作，为确保抢修过程的作业、人身安全，明确双方的安全责任，经平等协商，现签订本安全协议。

一、双方的安全责任

（一）甲方安全责任：

1. 开工前向乙方负责人和工程技术人员进行全面的技术交底，并按照工作票管理要求向乙方提供正确完备的安全技术措施。

2. 负责组建本方应急督查队伍，并对乙方安全督查人员进行备案管理。

3. 负责履行安全总督查负责人职责，根据抢修进度和风险情况，组织安全督查人员对抢修作业进行监督，并做好记录。

4. 负责审核并书面公布乙方提供的经其认可的工作票签发人和工作负责人名单。

5. 负责审核乙方办理的工作票和紧急抢修单，并会签乙方办理的工作票，按照操作票执行倒闸操作。

6. 向乙方提供租用大型特种设备、借用安全工器具、医疗食宿后勤保障等服务帮助。

（二）乙方安全责任：

1. 按要求随抢修队伍配备足够安全管理人员。抢修工作开展前，向甲方提供安全督查人员名单，并接受甲方总指挥官的组织调配。

2. 抢修工作开展前，向甲方提供经培训考核合格的工作票签发人和工作负责人名单

3. 开工前必须进行施工方案学习和自上而下进行安全技术交底。全体施工人员均应熟悉和掌握施工工作内容和施工安全措施。

4. 现场施工中，必须严格执行《安规》《电力建设安全工作规程》及甲方各项安全

图 2-11　外单位应急抢险队伍与公司设备运维部门签订安全协议书（一）

文明生产规章制度中有关规定。

5. 进入电力生产区域内施工，必须按规定严格执行工作票制度。对规定可以不使用工作票的工作，开工前应履行相应手续。

6. 开工前应对施工机械工器具及安全防护设施进行一次检查，确保符合安全规定并不超过检验周期。

7. 严禁使用未成年工和不适应现场安全施工要求的老、弱、病、残人员进行施工。

8. 乙方从事特种作业的人员必须经过专业培训并取得特种作业资格证书。

9. 承担协议中规定的其他安全、卫生和健康责任。

（三）施工期间乙方指派__________同志负责本工程项目的有关安全管理工作；甲方指派同志负责联系、检查和督促乙方执行有关安全管理相关规定。

二、其他事项

1. 本安全协议订立的各项规定适用于甲乙双方，如遇有同国家和行业的有关法规不符者应按国家和行业有关规定执行。

2. 其他未尽事宜经双方平等协商后予以补充明确。

3. 本协议须经甲乙双方抢修现场总指挥签名后生效。

4. 本协议书一式二份，甲方一份，乙方一份。

甲方：	乙方：
设备运维部门负责人：	抢修现场负责人（或委托代理人）：
安监部负责人：	安全督查组组长：
联系人：	联系人：
电话：	电话：

签订日期：　　　年　　月　　日

图 2-11　外单位应急抢险队伍与公司设备运维部门签订安全协议书（二）

2.7 施工进度

施工进度见图 2-12。

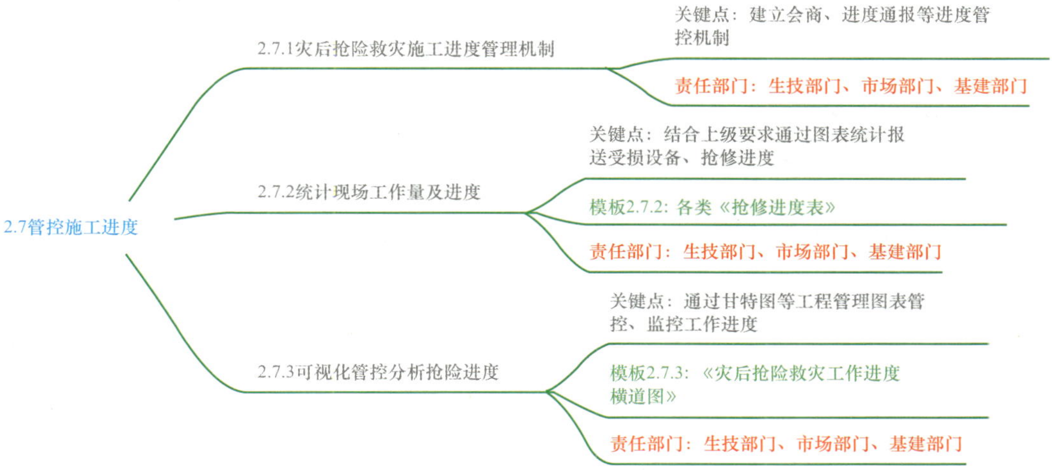

图 2-12　施工进度

2.7.1 外单位支援公司灾后抢修复电施工进度管理工作指引

各单位应加强灾后应急抢修期间的施工进度信息管理，确保信息沟通畅顺，安全工作落实到位，能及时防范不安全状况。

（1）定期通过会议、通知、微信、电话和传真等方式及时对以下重要安全和进度信息进行传达和宣贯，确保参与抢修的人员及时掌握最新信息。

（2）及时发布安全工作通知、会议精神、领导指示、安全督查发现的违章现象、异常情况等；及时通报新增风险或风险评估结果变化情况。

（3）通过每天的工作例会通报施工进度情况，协调解决导致施工进度滞后的各项问题。

2.7.2 外单位支援电网企业灾后抢修复电现场工作量完成情况确认表（模板）

外单位支援电网企业灾后抢修复电现场工作量完成情况确认表（模板）见表 2-30 ~ 表 2-32。

表 2-30　　××局 10kV 抢修进度统计表

单位	任务范围	断倒杆（条）	××.××进度	××.××进度	××.××进度	斜歪杆（条）	××.××进度	××.××进度	××.××进度	变台拆装（套）	××.××进度	××.××进度	××.××进度	变台校正（套）	××.××进度	××.××进度	××.××进度	导线架设（单线，千米）	××.××进度	××.××进度	××.××进度	备注
累计																						

表 2-31　　××局 380V 抢修进度统计表

单位	已完成台区明细	本日完成台区	未修复台区名称	××.××进度	××.××进度	××.××进度	完成台区数合计	待完成台区数合计	合计
合计									

表 2-32　　××局 380V 抢修工程量统计表

单位	线路名称	台区名称	断倒杆（条）	××.××进度	××.××进度	××.××进度	斜歪杆（条）	××.××进度	××.××进度	××.××进度	线路架设（单线）	××.××进度	××.××进度	××.××进度	实际修复时间
合计															

2.7.3 外单位支援公司灾后抢修复电工作进度横道图

外单位支援公司灾后抢修复电工作进度横道图见表 2-33 和表 2-34。

表 2-33　　主网设备设施抢修工作进展

单位	电压等级	设备设施名称	进度情况（横道图）		计划恢复时间	完成时间

表 2-34　　配网设备设施抢修工作进展

单位	未恢复送电线路条数	进度情况（横道图）		中压计划恢复时间	完成时间

2.8 应急处置管理

应急处置管理见图 2-13。

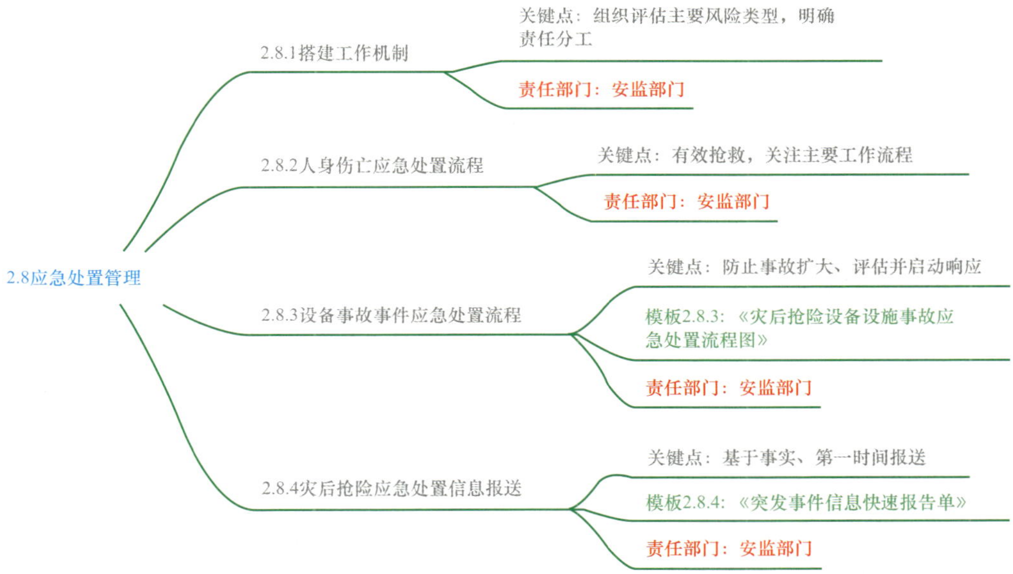

图 2-13　应急处置管理

2.8.1 外单位支援电网企业灾后抢修复电应急处置原则

灾后抢修复电现场如安全措施落实不到位，容易引发人身和设备事故事件，要按照对应专项应急预案相关内容开展处置。灾后抢修复电现场发生人身事故事件后，应立即停止事故事件现场抢修工作，现场人员及事故单位应当采取有效的应急处置措施，控制事故范围，迅速抢救伤员，科学、合理调配应急物资和队伍等应急资源，积极防止事故蔓延扩大，特别是防止发生人员伤亡扩大和电力系统崩溃、电网瓦解等。

灾后抢修复电现场发生设备事故事件后，应立即停止事故事件现场抢修工作，相关事故直属部门（单位）立即与事发现场的工作人员及时沟通，采取现场即时避险、救治、控制事态发展、隔离危险源等紧急处置措施，避免事态扩大，并立即按照设备事故事件应急信息报送要求上报信息。

电网企业总值班室或人身事故（事件）、设备事故事件应急办公室在接到报警后，应立即向人身事故（事件）应急指挥部和公司应急指挥中心报告，同时责成事发部门（单位）开展先期应急处置工作，防止事件扩大。

2.8.2 外单位支援公司灾后抢修复电人身伤亡事故应急处置流程

（1）事故现场有关人员尽一切力量组织现场抢救受伤人员，脱离起因物、致害物，减少人员伤亡；采取措施制止事故扩大。

（2）事故发生后，事故部门（单位）或者现场人员应当积极采取自救措施；最大限度利用社会公共资源，迅速拨打 120 急救或 110 报警电话，确保伤员得到及时医治，防止事故的扩大。

（3）现场人员在医疗救护人员没有到达现场之前，不能停止人工心肺复苏等有效的抢救手段。注意现场不能根据观察伤员的呼吸或脉搏心跳，有无休克现象擅自判定伤员死亡而中断或放弃抢救。

（4）在抢救行动中，首先要考虑是否有新的危险源，参与抢救人员应同时严格执行安全规程，做好自我防护措施。

（5）事故发生单位、项目建设单位、监理单位、设备所属单位等有关负责人应迅速组织人员赴现场调查，并积极组织或协助全力做好事故的救援工作。

（6）认真保护事故现场，凡与事故有关的物体痕迹、状态不得破坏，为抢救受伤害者需要移动现场某些物体时，必须做好现场标志。应仔细对现场进行标志记录或拍照、录像并清楚保持记录的准确性。

（7）根据事故伤害人员的情况，在就近医院抢救和紧急治疗后，如确需要转院救护可向有关专科强的医院求助。

2.8.3 外单位支援电网企业灾后抢修复电设备设施事故应急处置流程

外单位支援电网企业灾后抢修复电设备设施事故应急处置流程见图 2-14。

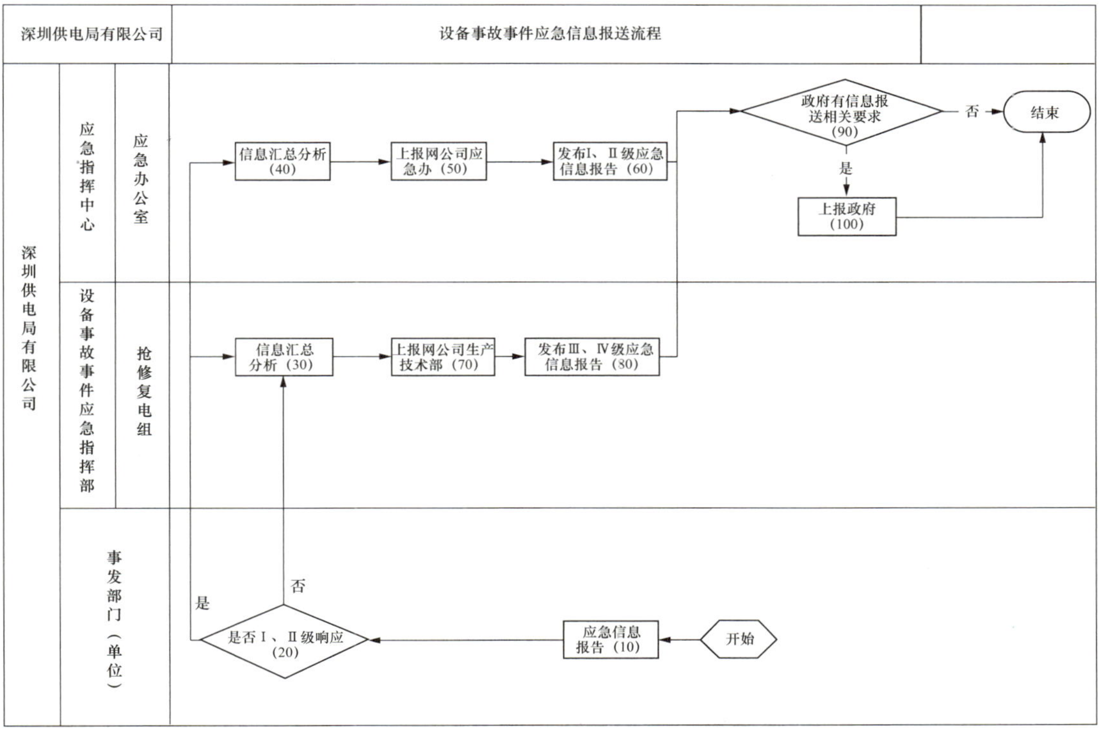

图 2-14　外单位支援电网企业灾后抢修复电设备设施事故应急处置流程图

2.8.4 外单位支援公司灾后抢修复电应急处置信息报送表（模板）

外单位支援公司灾后抢修复电应急处置信息报送表（模板）见表 2-35。

表 2-35　　外单位支援公司灾后抢修复电应急处置信息报送表

突发事件信息快速报告单

填报单位（公章）：　　　　　　填报时间：　　年　　月　　日　　时分

事发单位		直接上级单位	
事件简题			
发生时间			
事件简况			
事件原因			
事件后果			
部门负责人		填报人	

3 | 闭环及其他

3.1 保险购买及理赔

保险购买及理赔见图 3-1。

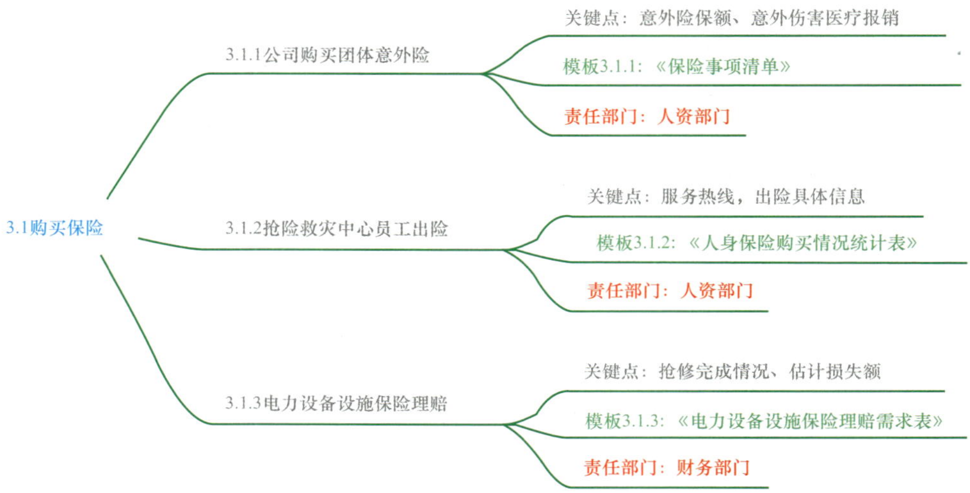

图 3-1　保险购买及理赔

3.1.1 外单位支援灾后抢修复电保险购买指引

受支援电网企业应统计支援队伍的人身保险购买情况，原则上参加抢险救灾人员必须购买人身意外保险，可参照如下表所示。如抢险救灾人员出现人身意外出现，受支援电网企业除协助开展应急处置外，同时协助支援单位开展相关理赔工作，跟进后续有关事项。

在灾情勘查过程中，设备管理部门要同步收集设备受损理赔需求，拍摄相关照片，一并反馈财务部门向保险公司申请财险理赔，见表 3-1。

表 3-1　向保险公司申请财险理赔

保险事项	赔付金额	备注
身故	100 万	意外伤害发生之日起 180 日内
伤残	100 万	伤残程度第一级对应的给付比例为 100%，第十级对应的比例为 10%
住院津贴	400 元 / 天	无免赔，最多赔付 180 日
猝死	100 万	出现症状后 48 小时内发生的非暴力性突然死亡
意外伤害医疗	2 万	在扣除相关已经补偿或给付部分以及合同约定的免赔额后，对其余额按保险合同约定的标准给付意外医疗保险金

3.1.2 外单位支援灾后抢修复电施工人员人身保险购买情况统计表（模板）

外单位支援灾后抢修复电施工人员人身保险购买情况统计表（模板）见表 3-2。

表 3-2　　外单位支援灾后抢修复电施工人员人身保险购买情况统计表

序号	工号	姓名	性别	年龄	身份证	部门	人身保险类型	人身保险承保公司	承保金额	承保期限

3.1.3 电力设备设施保险理赔统计表（模板）

电力设备设施保险理赔统计表（模板）见表 3-3。

表 3-3　　电力设备设施保险理赔统计表

序号	单位	出险日期	出险地点	出险情况	抢修完成情况	估计损失额（万元）	报保险日期	保险联络员
1								
2								
3								
4								
5								
合计								

3.2 现场慰问

现场慰问见图 3-2。

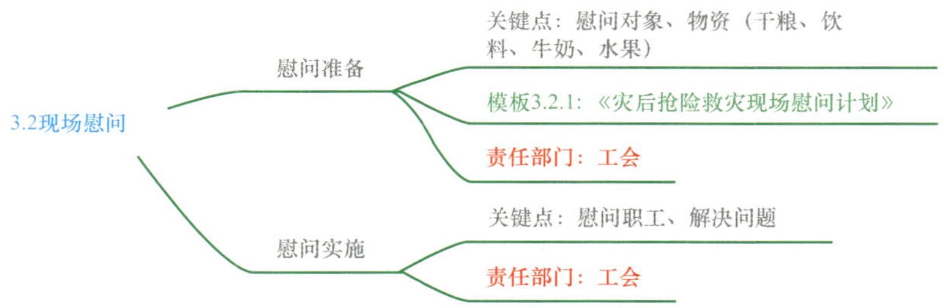

图 3-2　现场慰问

3.2.1 外单位支援灾后抢修复电现场慰问计划

3.2.1.1 外单位支援灾后抢修复电，受支援电网企业在做好后勤保障工作的基础上，要深入组织开展慰问工作，慰问工作由电网企业工会和直属各单位工会牵头开展。

3.2.1.2 慰问前确定慰问对象人数、时间、地点，根据需要购买准备慰问物资，一般以干粮、饮料、牛奶、水果为主。

3.2.1.3 确定带队慰问人员，根据情况由电网企业领导带队或电网企业工会领导带队到抢险救灾现场进行慰问。

3.2.1.4 慰问人员到现场开展慰问，交付慰问品，慰问抢险支援队伍，听取抢险人员的意见建议，协助抢险人员解决工作、生活中遇到的困难。

3.3 验收结算

验收结算见图 3-3。

图 3-3　验收结算

3.3.1 外单位支援灾后抢修复电验收工作指引

抢修项目签证结算资料一般包括：工程量现场签证表、竣工验收表、工程结算书资料等，相关资料要求如下：

一、工程量现场签证表

工程量现场签证由受支援电网企业生技部门牵头开展，由各抢修队伍施工单位协助办理，一般工程量采用现场签证形式，交监理单位及建设单位（属地区、县供电企业）签名并加盖公章确认。工程量签证一般包括分项工程名称，数量等工程量统计，同时应包括乙供材料及器械使用情况等，签证工作应详尽、如实，并将工作前后照片存档留底。工程量现场签证工作应与抢修工作同步完成。

二、竣工验收表

竣工验收表由受支援电网企业生技部门牵头开展，各抢修队伍施工单位协助办理，在抢修过程中至少应由项目建设单位（属地区、县供电企业）签名加盖公章确认。竣工验收表格填写工作应与抢修支援工作同步完成。

三、立项结算

抢险救灾工程项目由受支援电网企业生技部门牵头开展，可由各属地区、县供电企业分别开展立项。项目立项工作应与抢险救灾工作同步完成。

四、工程结算书

工程结算书由各抢修队伍施工单位协助编制，结算书的编制应遵循建设单位提供的预算定额，并按时间要求提交，及时完成结算审核工作。

五、其他资料

因项目结算一般按生产应急项目开支，受支援电网企业生技部门应及时提出要求，同时明确其他资料要求，各抢修队伍应给予配合，按要求提交相关资料。

3.3.2 外单位支援灾后抢修复电竣工验收表（模板）

外单位支援灾后抢修复电竣工验收表（模板）见表 3-4。

表 3-4　　外单位支援灾后抢修复电竣工验收表

<table>
<tr><td>工程名称</td><td colspan="3"></td></tr>
<tr><td>建设单位</td><td colspan="3"></td></tr>
<tr><td>监理单位</td><td colspan="3"></td></tr>
<tr><td>施工单位</td><td></td><td></td><td></td></tr>
<tr><td>开工时间</td><td></td><td>竣工时间</td><td></td></tr>
<tr><td>工程主
要内容</td><td colspan="3">范例：
1. 10kVXX 线：1 ~ 37 号杆架空线路装金具，放紧 2 ~ 30 号杆间 70 平方导线 5.4km，4 号、6 号、7 号 、断杆新立 3 基，10 ~ 15 号扶正电杆 6 基。
2. 10kV × × 线：扶正 1 ~ 13 号电杆 13 基，修复 XX 配电变压器 1 台；1 ~ 37 号杆：修复杆塔金具 79 套，安装绝缘子 18 套，安装拉线 10 套，安装瓷横担 152 条，清理树障 5 棵。</td></tr>
<tr><td>验收意见</td><td colspan="3">完成本工程全部抢修内容，达到施工验收规范要求，具备验收条件。

验收人签名：　　　　　　　　日期：</td></tr>
<tr><td colspan="2">施工单位
盖章：

签名：　　　　　日期：</td><td colspan="2">监理单位（如无监理单位可不填）
盖章：

签名：　　　　　日期：</td></tr>
<tr><td>建设单
位意见</td><td colspan="3">验收结论：验收合格，具备竣工条件。
盖章：

签名：　　　　　　　　日期：</td></tr>
</table>

3.3.3 工程量签证统计表（模板）

工程量签证统计表（模板）见表 3-5。

表 3-5 工程量签证统计表

工程名称	
建设单位	
施工单位	
签证内容	要求：签证内容需注明详细工作内容和明细（包含工作地点和设备名称） 范例： 1. 本工程新建 BVV-185 导线（单线）共 1006m，BVV-95 导线（单线）共 563m，BVV-70 导线（单线）共 684m，BVV-50 导线（单线）共 523m，BVV-25 导线（单线）共 4567m，墙上四位街码（加强型）121 个，墙上二位街码（加强型）322 个，重复接地 2 组。 2. 拆除原有拆除原有 BVV-150 导线（单线）共 760m，BVV-50 导线（单线）共 800m，BVV-35 导线（单线）共 480m，BVV-16 导线（单线）共 3140m。 施工单位（章）： 负责人： 日期：
监理单位意见	监理单位意见（如果无监理单位可不填）： 监理单位（章） 负责人： 日期：
建设单位	建设单位意见： 建设单位（章） 负责人： 日期：

本表一式四份，由施工单位填写，项目主管部门、实施部门、监理单位、施工单位各存一份。

3.4 新闻宣传

新闻宣传见图 3-4。

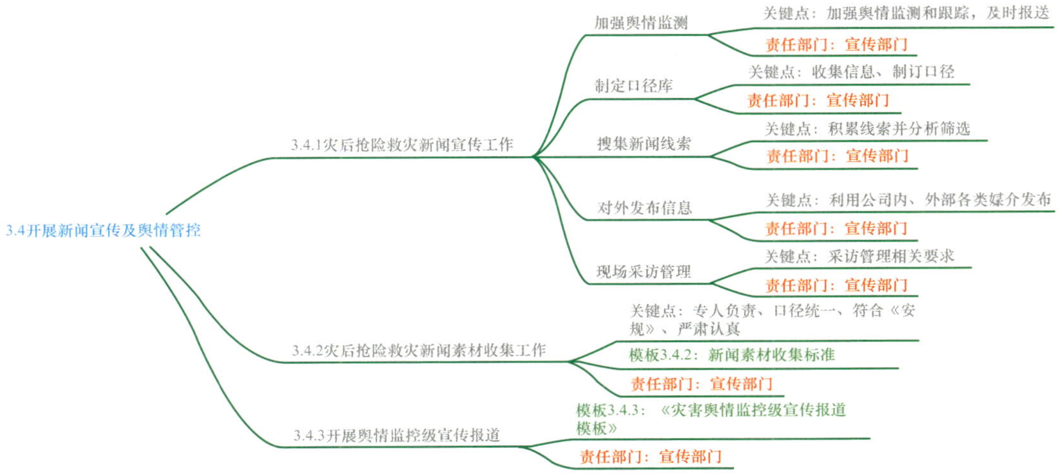

图 3-4　新闻宣传

3.4.1 外单位支援灾后抢修复电新闻宣传工作指引

（1）积极了解支援单位工作开展情况，做好前方抢修、后勤保障等工作的图片和文字资料收集、整理，并及时发回宣传部门相关人员，同时及时将新闻资料报后方事务联系人。

（2）与属地主流媒体保持密切联系，了解其新闻工作要求，积极争取媒体采访等新闻资源。

（3）在进行现场采访时务必严格遵守现场安全管理规定，注意自身安全。

（4）与现场抢修人员做好新闻工作要求交底，由于支援单位对本地情况熟悉程度不够，必要时由接受支援的电网企业相关人员统一接受采访。现场抢修人员接受媒体采访时，应核查记者身份，表明自己为支援抢修人员；同时遵守“详说事实，慎谈原因”的基本原则，在自己工作职责范围内回答相关问题，树立良好的企业形象。

3.4.2 外单位支援灾后抢修复电新闻素材收集标准

3.4.2.1 各部门（单位）指定专人负责做好突发事件现场的媒体接待、摄影摄像工作，收集现场新闻素材。

3.4.2.2 各部门（单位）报送的素材、数据口径要统一，避免引发公众误解或对电网企业形象造成损害。

3.4.2.3 拍摄者在确保自身安全的前提下，方可对作业现场人员进行拍摄；拍摄对象要符合安全规定，不得发布存在明显违规现象的照片、视频。

3.4.2.4 新闻素材应能体现抢险救灾人员认真、严肃的态度，不得出现嬉笑、休闲的画面。

3.4.3 外单位支援灾后抢修复电舆情监控及宣传报道情况（模板）

截止 ____ 日 ____ 时 ____ 分，________________（媒体名称）等 ____ 家媒体报道外单位支援抢险救灾新闻 ____ 篇，转载 ____ 篇，突出报道 ____________ 等内容。发布微博 ____ 条，微信 ____ 条，累计阅读量 ____ 次。监测到负面舆情 ____ 条，主要为 ____ 内容。

3.5 总结分析

总结分析见图 3-5。

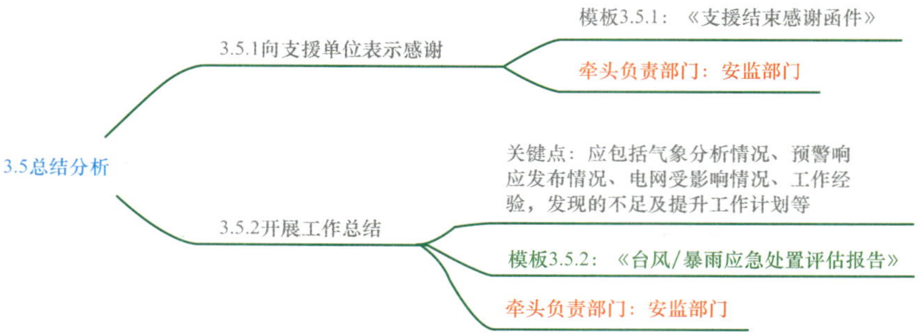

图 3-5　总结分析

3.5.1 支援结束感谢函件（模板）

支援结束感谢函件（模板）见图 3-6。

感谢信

××公司：

××月××日，强台风“××”严重影响××市，对××电网造成了严重损坏。××月××日，在××公司的统一部署下，贵公司调派××余人、××辆车驰援我公司，在××市连续奋战了××天，打赢了一场没有硝烟的抢修复电战役。

在抢修过程中，贵司全体员工和我公司员工一起并肩作战，充分发扬“特别能吃苦、特别能战斗”的精神，不畏艰险、顽强拼搏、争分夺秒、日夜奋战，为××市民尽快恢复用电做出了巨大贡献。同时，贵司高效率、高质量完成抢修复电，创造了许多好的做法和经验，展现了优秀的专业水平和技术实力，工作成效××市政府及××市民的高度评价。

贵司抢修人员不怕苦、不怕累、敢打硬仗的作风，给我们留下了深刻印象并传为佳话，敬业精神和责任心永远值得我公司全体员工学习。

在此次台风抢修复电工作中，贵司在人力物力等方面给予了我公司大力支持，为抢修复电工作做出了积极贡献。在此，谨向贵司表示衷心的感谢并致以崇高的敬意！祝愿贵司各项事业蓬勃发展、蒸蒸日上！

图 3-6　支援结束感谢函件（模板）

3.5.2 外单位支援公司灾后抢修复电工作总结（模板）

外单位支援公司灾后抢修复电工作总结（模板）见图 3-7。

×××支援灾后抢修复电工作总结

一、总述本专业组（技术组、安监组、物资组、综合组）工作组织情况

×××。

二、×××抢险工作协同配合情况

（一）主要抢险任务及完成情况

（二）存在的主要困难（从施工组织、施工技术两个方面进行分析）

（三）如何解决上述困难

×××。

三、回顾分析应急工作中电网、设备、人员、物资等各方面现状

（一）结合实际情况和岗位工作的思考

（二）重点针对接受支援工作协调过程存在的不足进行具体分析

×××。

四、应急工作下一步改进工作措施

针对现状和存在的不足，对应提出具体的改进工作措施。

图 3-7　外单位支援公司灾后抢修复电工作总结（模板）

PART 3

第三部分

电网企业支援外单位灾后抢修复电

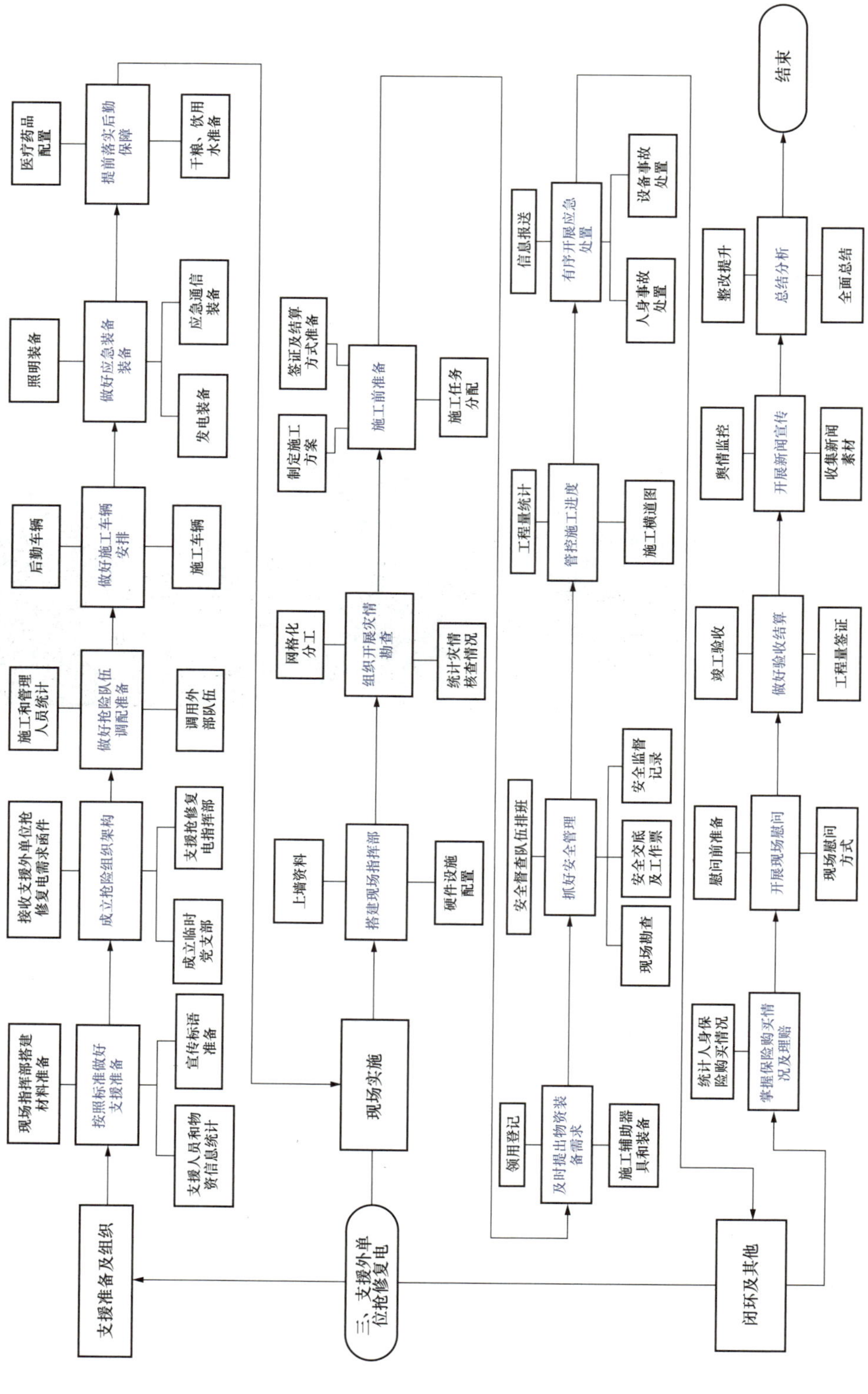

注：蓝色字体代表需要开展的主要流程，未加粗黑色字体代表该节点需要重点落实的事项

图 1-1 支援外单位抢修复电总体流程图

1 | 支援准备及组织

1.1 支援准备任务分工与标准

1.1.1 支援准备流程图

支援准备流程图见图 1-2。

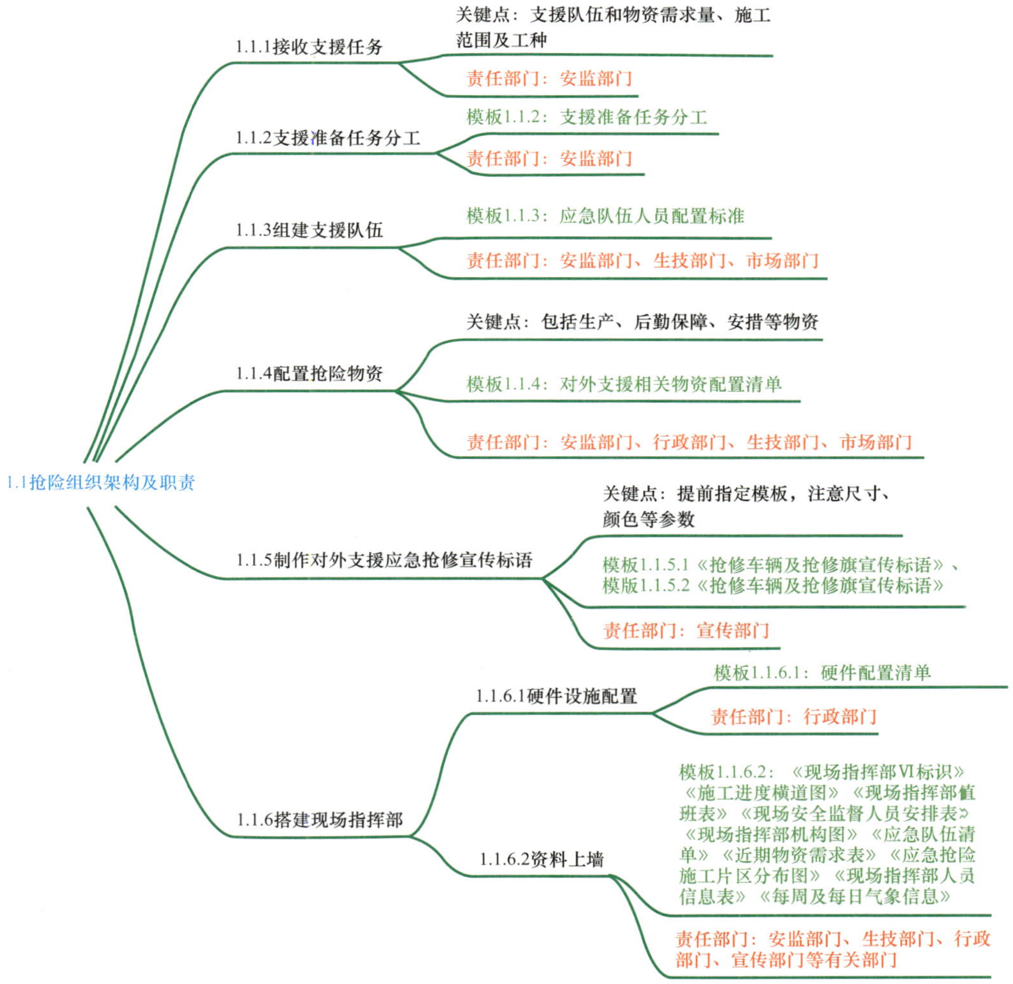

图 1-2　支援准备流程

1.1.2 支援准备任务分工

支援准备任务分工见表 1-1。

表 1-1 支援准备任务分工

序号	部门	工作分工	备注
1	安监部门	1. 接收上级电网公司应急办对外支援指令 2. 组织成立电网企业抢险支援指挥部 3. 组建对外支援的外部应急队伍 4. 准备内部应急队伍支援需携带的安措物资	
2	行政部门	1. 接收政府部门对外支援指令 2. 组织准备内部应急队伍支援需携带的后勤保障物资，包括生活用品、应急车辆	
3	主网设备管理部门	1. 组建对外支援的主网内部应急队伍 2. 组织协调物资部门准备需要携带的主网生产物资	
4	配网设备管理部门	1. 组建对外支援的配网内部应急队伍 2. 组织协调物资部门准备需要携带的配网生产物资	

1.1.3 对外支援应急队伍人员配置清单

对外支援应急队伍人员配置清单见表 1-2 和表 1-3。

表 1-2 外部应急队伍人员配置标准

施工人员	监理人员	设计人员	安监人员	管理人员	后勤及宣传人员
N= 按受支援方需求配置	N/50: 至少每 50 人施工队伍配置一名监理人员	按照工程量配置	按照预估工程量及施工地点配置，每个施工地点至少配置 2 人	按需配置	按需配置

表 1-3 内部应急队伍人员配置标准

技术人员	安监人员	管理人员	后勤人员	宣传人员
N/50: 至少每 50 人施工队伍配置一名监理人员	从三级安全网抽调，按照预估工程量及施工地点配置，每个片区至少配置 2 人	按需配置	物资、生活后勤至少各配置 2 人	2 人

1.1.4 对外支援相关物资配置清单

1.1.4.1 生产物资

生产物资见表 1-4 ~表 1-12。

表 1-4　　灾后抢险支援应急队伍生产物资配备标准

序号	物资名称	数量标准	备注
1	卫星电话	每 5 辆车 1 部	含卡
2	发电机	每 10 人 1 台	1000W，生活用
3	对讲机	每辆车 2 部	配车充
4	空油桶	每 2 辆车 1 个	可装 20kg 汽油
5	尖头铁铲	每人 1 个	
6	电线车辘	每台发电机配 1 个	100m
7	车载手机充电器	每辆车 1 个	
8	插线板	每车 1 个	
9	太阳能充电器	每 2 车 1 个	
10	砍刀	每人 1 把	需上山架设杆塔时才配备
11	汽油喷灯	每车 1 个	
12	汽车牵引绳	每车 1 条	
13	汽车蓄电池转接线	每车 1 条	
14	大功率车载照明灯	每车 1 个	
15	车载轮胎气泵	每车 1 个	带应急灯、气压计
16	机油	每车 1 罐	
17	防冻刹车油	每车 1 罐	
18	冷却水	每车 1 罐 -35℃	
19	冷却液	每车 1 罐 -25℃	
20	机油	每车 1 罐 美浮 1 号	
21	充电式手电筒	每 2 人一支	
22	大功率充电式泛光灯	每 5 人一支	

表 1-5　　抗冰救灾抢险应急队伍生产物资配备标准

序号	物资名称	数量标准	备注
1	卫星电话	每 5 辆车 1 部	含卡
2	发电机	每 10 人 1 台	1000W，生活月
3	对讲机	每辆车 2 部	配车充
4	工业盐	每辆车 20 斤	

续表

序号	物资名称	数量标准	备注
5	空油桶	每 2 辆车 1 个	可装 20kg 汽油
6	尖头铁铲	每人 1 个	
7	电线车辘	每台发电机配 1 个	100m
8	车载手机充电器	每辆车 1 个	
9	插线板	每车 1 个	
10	防滑链	每车 1 套	
11	太阳能充电器	每 2 车 1 个	
12	撬棍	每车 1 根	
13	砍刀	每人 1 把	需上山架设杆塔时才配备
14	汽油喷灯	每车 1 个	
15	汽车牵引绳	每车 1 条	
16	汽车蓄电池转接线	每车 1 条	
17	大功率车载照明灯	每车 1 个	
18	车载轮胎气泵	每车 1 个	带应急灯、气压计
19	机油	每车 1 罐	
20	防冻刹车油	每车 1 罐	
21	冷却水	每车 1 罐 -35℃	
22	冷却液	每车 1 罐 -25℃	

表 1-6 外协应急抢险队伍工器具及应急物资配置标准

（架空线安装，按 1 千米计）

序号	器具或物资名称	规格型号	单位	配置数量	备注
一、施工机具类					
1	绞磨机		台	1	
2	放线架		副	1	
3	钢锹		把	8	
4	钢管		条	4	
5	千斤顶		只	2	
6	铁铲		把	8	
7	梯子		把	4	
8	吊绳		条	20	
9	吊车		辆	1	
10	紧线器		把	4	
11	线夹		只	8	

续表

序号	器具或物资名称	规格型号	单位	配置数量	备注
12	绳索扣		条	8	
13	地桩		条	4	
14	大锤		把	1	
15	过线滑轮		只	20	
16	钢丝绳		米	1000	
二、试验机具类					
1	高压绝缘电阻表		只	2	
三、安全工器具类					
1	安全带		条	20	
2	登高板		副	20	
3	高压验电器		只	2	
4	绝缘棒		套	2	
5	绝缘手套		对	2	
6	绝缘鞋		对	2	
7	安全围栏		只	100	
四、辅助类					
1	对讲机		只	10	
2	常用手工具		套	20	
备注：1. 外协单位如不满足该配置标准的由外协单位自行购买补齐。 2. 设计院、监理公司参照工作性质自行考虑配置。					

表 1-7　外协应急抢险队伍工器具及应急物资配置标准

（电缆敷设，按 1 千米计）

序号	器具或物资名称	规格型号	单位	配置数量	备注
一、施工机具类					
1	绞磨机		台	1	
2	钢丝绳		m	500	
3	钢丝绳扣		条	4	
4	放线架		副	1	
5	穿管器		盘	1	
6	网套		条	1	
7	千斤顶		只	2	
8	穿管滑轮		只	8	
9	直线滑轮		只	40	
10	转角滑轮		只	8	

续表

序号	器具或物资名称	规格型号	单位	配置数量	备注
11	电缆剪		把	1	
12	钢锹		把	6	
13	铁铲		把	2	
14	大锤		把	1	
15	地桩		条	3	
16	吊车		亮	1	
17	防纽器		只	1	
18	电缆头制作工具		套	2	
二、试验机具类					
1	高压绝缘电阻表		只	2	
三、安全工器具类					
1	围栏		只	80	
四、辅助类					
1	对讲机		只	10	
2	常用手工具		套	10	
备注：1. 外协单位如不满足该配置标准的由外协单位自行购买补齐。 2. 设计院、监理公司参照工作性质自行考虑配置。					

表 1-8　　外协应急抢险队伍工器具及应急物资配置标准

（变压器台架安装）

序号	器具或物资名称	规格型号	单位	配置数量	备注
一、施工机具类					
1	电焊机		台	1	
2	水平仪		台	1	
3	钢锹		把	4	
4	钢管		条	4	
5	压接钳		台	1	
6	铁铲		把	4	
7	梯子		把	2	
8	绳索		条	4	
9	吊车		辆	1	
10	电缆头制作工具		套	1	
二、试验机具类					
1	高压绝缘电阻表		台	1	

续表

序号	器具或物资名称	规格型号	单位	配置数量	备注
三、安全工器具类					
1	接地线		组	2	
2	高压验电器		只	1	
3	绝缘手套		对	1	
4	绝缘鞋		双	1	
5	安全带		条	8	
6	登高板		副	8	
7	围栏		只	20	
四、辅助类					
1	常用手工具		套	12	
备注：1. 外协单位如不满足该配置标准的由外协单位自行购买补齐。 2. 设计院、监理公司参照工作性质自行考虑配置。					

表 1-9　外协应急抢险队伍工器具及应急物资配置标准

（高、低压电缆头制作）

序号	器具或物资名称	规格型号	单位	配置数量	备注
一、施工机具类					
1	压接工具		套	2	
2	电缆剪		套	2	
3	排风扇		台	2	
4	打钉枪		套	1	
5	液化气		瓶	1	
6	液化气喷枪		套	1	
二、试验机具类					
1	高压绝缘电阻表		块	1	
三、安全工器具类					
1	高压验电器		只	1	
2	绝缘手套		对	1	
3	绝缘靴		双	1	
4	围栏		只	6	
四、辅助类					
1	常用手工具		套	2	
备注：1. 外协单位如不满足该配置标准的由外协单位自行购买补齐。 2. 设计院、监理公司参照工作性质自行考虑配置。					

表 1-10　　外协应急抢险队伍工器具及应急物资配置标准

（箱式变压器安装）

序号	器具或物资名称	规格型号	单位	配置数量	备注
一、施工机具类					
1	电焊机		台	1	
2	水平仪		台	1	
3	钢锹		把	4	
4	发电机（5kW）		台	1	
5	吊车		辆	1	
6	切割机		台	1	
7	手电钻		把	1	
8	冲击钻		把	1	
9	绞磨机		台	1	
10	电缆头制作工具		套	2	
二、试验机具类					
1	万用表		块	1	
三、安全工器具类					
1	高压绝缘电阻表		块	1	
2	低压绝缘电阻表		块	1	
3	高压验电器		只	1	
4	低压验电器		只	1	
5	绝缘手套		对	1	
6	高压接地线		组	2	
7	低压接地线		组	4	
8	围栏		只	40	
四、辅助类					
1	常用手工具		套	6	
备注：1. 外协单位如不满足该配置标准的由外协单位自行购买补齐。 2. 设计院、监理公司参照工作性质自行考虑配置。					

表 1-11　　外协应急抢险队伍工器具及应急物资配置标准

（环网柜安装）

序号	器具或物资名称	规格型号	单位	配置数量	备注
一、施工机具类					
1	电焊机		台	1	
2	水平仪		台	1	
3	钢锹		把	4	
4	千斤顶		个	2	
5	梯子		把	1	
6	吊车		辆	1	
7	切割机		台	1	
8	手电钻		台	1	
9	冲击钻		把	1	
10	绞磨机		把	1	
11	电缆头制作工具		套	2	
二、试验机具类					
1	万用表		块	1	
三、安全工器具类					
1	高压绝缘电阻表		块	1	
2	高压验电器		只	1	
3	绝缘手套		对	1	
4	绝缘鞋		对	1	
5	高压接地线		组	1	
6	围栏		只	20	
四、辅助类					
1	常用手工具		套	6	
备注：1. 外协单位如不满足该配置标准的由外协单位自行购买补齐。 2. 设计院、监理公司参照工作性质自行考虑配置。					

表 1-12　外协应急抢险队伍工器具及应急物资配置标准

（成套配电柜安装）

序号	器具或物资名称	规格型号	单位	配置数量	备注
一、施工机具类					
1	焊接工具		台	1	
2	水平仪		台	1	
3	钢锹		把	4	
4	千斤顶		个	2	
5	梯子		把	2	
6	吊车		辆	1	
7	切割机		台	1	
8	手电钻		台	1	
9	冲击钻		台	1	
10	液压运输车		辆	1	
11	套筒扳手		套	1	
12	电缆头制作工具		套	2	
二、试验机具类					
1	万用表		块	1	
三、安全工器具类					
1	低压绝缘电阻表		块	1	
2	低压验电器		只	1	
3	绝缘手套		对	1	
4	绝缘鞋		对	1	
5	接地线		组	2	
6	围栏		只	20	
四、辅助类					
1	常用手工具		套	10	
备注：1. 外协单位如不满足该配置标准的由外协单位自行购买补齐。 2. 设计院、监理公司参照工作性质自行考虑配置。					

1.1.4.2 后勤保障物资

后勤保障物资见表 1-13 和表 1-14。

表 1-13　　抗冰救灾抢险支援应急队伍后勤保障物资配备标准

序号	物资名称	数量标准
1	滑雪服	1 件 / 人
2	滑雪裤	1 条 / 人
3	滑雪鞋	1 双 / 人
4	保暖内衣、裤	3 套 / 人
5	一次性内裤	2 打 / 人
6	棉帽	1 顶 / 人
7	棉裤	1 条 / 人
8	棉手套	1 双 / 人
9	高领毛衣	1 件 / 人
10	皮手套	1 双 / 人
11	袜子	5 双 / 人
12	睡袋	1 个 / 人
13	充电式手电筒	每 1 人 1 支
14	大功率充电式泛光灯	每 5 人 1 支
15	头灯	1 个 / 人
16	太阳眼镜	1 副 / 人
17	单人便携式手电筒（1 个配 6 节电池）	1 个 / 人
18	雨衣	1 件 / 人
19	湿巾	5 包 / 人
20	干毛巾	5 条 / 人
21	保温水壶	1 个 / 人
22	打火机	1 个 / 人
23	背包	1 个 / 人
24	卷筒卫生纸	1 条 / 人
25	解放鞋	2 双 / 人
26	快食面	2 箱 / 车
27	火腿肠	1 箱 / 车
28	矿泉水	4 箱 / 车
29	防寒饮料	1 箱 / 车
30	蜡烛	50 支 / 车
31	急救医药箱（按每车 4 人标准配备常用维生素、防冻霜及治疗感冒、肠胃、外伤等药物）	1 个 / 车

表 1-14　　台风灾后抢险支援应急队伍后勤保障物资配备标准

序号	物资名称	数量标准
1	睡袋	1 个 / 人
2	一次性内裤	2 打 / 人
3	睡袋	1 个 / 人
4	充电式手电筒	每 1 人 1 支
5	大功率充电式泛光灯	每 5 人 1 支
6	头灯	1 个 / 人
7	太阳眼镜	1 副 / 人
8	雨衣	1 件 / 人
9	湿巾	5 包 / 人
10	干毛巾	5 条 / 人
11	保温水壶	1 个 / 人
12	打火机	1 个 / 人
13	背包	1 个 / 人
14	卷筒卫生纸	1 条 / 人
15	解放鞋	2 双 / 人
16	快食面	2 箱 / 车
17	火腿肠	1 箱 / 车
18	矿泉水	4 箱 / 车
19	蜡烛	50 支 / 车
20	急救医药箱（按每车 4 人标准配备常用维生素、蚊虫叮咬、肠胃、外伤等药物）	1 个 / 车

1.1.4.3 安措物资

安措物资见表 1-15。

表 1-15　　抢险支援应急队伍安措物资配备标准

序号	物资名称	数量标准	备注	
1	纯棉工作服	2 套 / 人	深圳供电局统一颜色、款式	
2	安全帽	1 顶 / 人	深圳供电局统一颜色、款式	
3	标识	2 副 / 人	深圳供电局统一颜色、款式	

1.1.5 对外支援应急抢修宣传标语清单

1.1.5.1 抢修车辆及抢修旗宣传标语

抢修车辆及抢修旗宣传标语见图 1-3。

抢修车辆：

（1）标志组合：采用标志与“中国南方电网”中英文横式组合。

（2）颜色：红色车贴，标志组合反白处理。

（3）字体：大小按照南方电网 VI 标准设置，不得超过标准组合的字体大小。

（4）推荐规格：车标贴尺寸一般为侧面贴 800mm × 450mm 或 700mm × 450mm（可根据实际车型调整尺寸）。车头贴尺寸一般为 1300mm × 250mm（可根据实际车型调整尺寸）。车号贴直径尺寸一般为 250mm（可根据实际车型调整尺寸）。

（5）材质：户外高清写真背胶裱光膜。

图 1-3 抢修车辆及抢修旗宣传标语

抢修旗：采用纺织品水印或丝网印刷，规格建议用 1440mm×960mm。采用格式见图 1-4。

图 1-4　抢修旗

1.1.5.2 现场指挥部宣传标语

现场指挥部宣传标语见图 1-5。

（1）颜色：红色底、黄色字体。

（2）字体：大小按照南方电网 VI 标准设置。

（3）推荐规格：尺寸一般为 3000mm×250mm（可根据实际指挥部调整尺寸）。

（4）材质：户外高清写真背胶裱光膜。

图 1-5　现场指挥部宣传标语

1.1.6 现场指挥部搭建所需材料清单

现场指挥部搭建所需材料清单见表 1-16 和表 1-17。

表 1-16　　指挥部搭建硬件材料

序号	名称	单位	配置数量
1	指挥部搭建用帐篷	个	2
2	现场人员防暑用帐篷或遮阳伞	个	总人数 /10
3	卫星电话	个	5
4	对讲机	对	10
5	投影仪	台	1
6	投影布	块	1
7	纸张（A4, 盒）	箱	5
8	纸张（A3, 盒）	箱	2
9	油性笔	支	5
10	小白板	个	1
11	白板笔	支	5
12	文件夹	个	30
13	剪刀	把	2
14	纸刀	把	1
15	笔记本	本	30
16	签字笔	支	30
17	铅笔	支	30
18	荧光笔	支	30
19	胶水	支	15
20	订书器、订书钉	个	10
21	回形针	盒	10
22	复印机	台	1
23	排插	个	10
24	传真机	台	1
25	彩色打印机	台	2
26	打印机墨盒	个	10
27	扫描仪	台	1
28	笔记本电脑	台	10
29	3G/4G 上网卡	个	10
30	充电宝	个	10
31	手机充电器	个	10
32	指挥部标识	条	5
33	矿泉水	箱	10

续表

序号	名 称	单位	配置数量
34	折叠床	个	10
35	办公桌、椅	套	10
36	棉被	套	10
37	应急发电车	辆	1
38	充电式手电筒	支	10
39	大功率充电式泛光灯	支	10

表 1–17　　指挥部上墙资料

序号	资料名称	负责部门	备注
1	现场指挥部 VI 标识	宣传部门	
2	施工进度横道图	生技部门	
3	现场指挥部值班表	安监部门	
4	现场安全监督人员安排表	安监部门	
5	现场指挥部机构图	安监部门	
6	应急队伍清单	生技部门	
7	近期物资需求表	生技部门	
8	应急抢险施工片区分布图	生技部门	
9	现场指挥部人员信息表	安监部门	
10	每周及每日气象信息	安监部门	

（1）制作“×× 电网企业灾后抢修复电现场指挥部”标识（带国家电网或南方电网 VI 标识），宣传部门负责制作。建议尺寸 3m×0.3m。

（2）施工进度横道图见表 1–18。

表 1–18　　施工进度横道图（A3 打印）

单位	电压等级	设备设施名称	进度情况（横道图）		计划完成时间	实际完成时间
区电网企业	施工对象电压等级	具体名称（双重编号和地址）		百分比	具体时间	具体时间

（3）现场指挥部值班表

现场指挥部值班表见表 1–19。

表 1-19　　　　　　　　现场指挥部值班表（A3 打印）

序号	日期	值班干部		值班联络员		在岗值班人数	备注
		姓名	手机	姓名	手机		
	持续至抢险救灾工作结束	具体指挥人员		具体协调联络人员		总体值班人数	其他事项

（4）现场安全监督人员安排表

现场安全监督人员安排表见表 1-20。

表 1-20　　　　　　　　现场安全监督人员安排表（A3 打印）

电网企业支援外单位抢险救灾现场安全督导工作组人员安排				
层级	组别	职责	督导组名单	联系方式
供电企业层面	安全督导组	发布电网企业层面抢修安全工作提示、收集各层级抢修作业计划信息，制定电网企业层面抢修作业过程安全监督计划并实施现场督导	组长：	
			组员：	
			组员：	
	区电网企业督导组		组长：	
			组员：	
			组员：	
施工队伍层面	××公司督导组	发布本单位抢修安全工作提示、收集本单位抢修作业计划并上报电网企业安全督导组，制定本单位抢修作业过程安全监督计划并实施现场安全监督，按要求反馈本单位抢修作业现场安全监督情况	组长：	
			组员：	

（5）现场指挥部机构图（建议尺寸为 0.5m×0.5m）

现场指挥部机构图（建议尺寸为 0.5m×0.5m）见图 1-6。

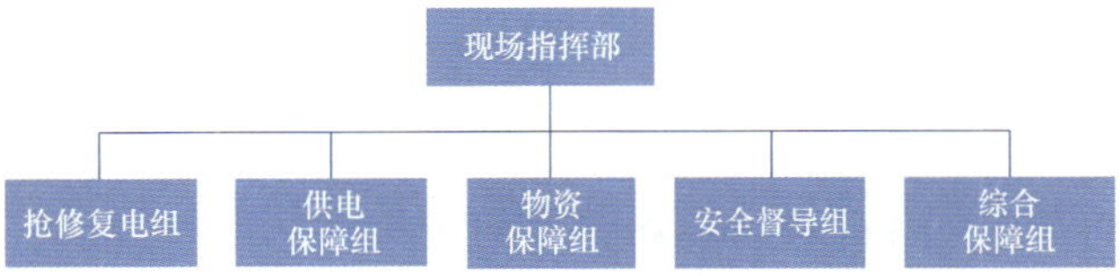

- **总指挥人员及职责：**×××。职责：①接受各组组长汇报；②重大问题协调决策。
- **副总指挥人员及职责：**×××。职责：①协助总指挥开展重大问题协调决策；②总指挥离开工作岗位时，具体履行总指挥职责。

图 1-6　现场指挥部机构图（一）

- **抢修复电组人员名单及职责：**×××。职责：①负责应急抢修队伍的组织和调配；②负责发电设备的调配工作；③负责确定抢修方案、作业表单和施工作业票。
- **供电保障组人员名单及职责：**×××。职责：①统筹组织协调用户应急电力供应工作；②负责了解用户电力设施受损情况，紧急制定并落实对重点场所及用户的保供电措施；③通过服务热线获取用户停电信息，及时传递到应急办，定时统计报送，重大信息及时上报。
- **物资保障组人员名单及职责：**×××。职责：①负责抢修物资的应急采购工作；②负责确保应急期间应急物资的调拨与配送。
- **安全督导组人员名单及职责：**×××。职责：①承担应急指挥中心办公室职责，负责应急总体协调；②抢修作业现场安全监管；③统计上报因灾损失表，每日组织编制并发布简报。
- **综合保障组人员名单及职责：**×××。职责：①负责灾害发生期间的应急后勤工作；②负责新闻宣传工作，负责对外发布抢险救灾有关报告、报道和通报。

图 1-6 现场指挥部机构图（二）

（6）应急队伍清单。

应急队伍清单见表 1-21。

表 1-21 应急队伍清单（A3 打印）

序号	单位	队伍负责人	联系方式	专业	总人数
	内外部队伍所属单位	带队负责人	手机号	主配网	包括管理和施工人员
总计					

（7）近期物资需求表。

近期物资需求表见表 1-22。

表 1-22 近期物资需求表（A3 打印）

序号	需求单位	物资装备名称	型号	数量	到达地点	到位时间
	各生产单位	具体名称	具体型号		具体配送地点	要求到达现场的时间

（8）应急抢险施工片区分布图（建议尺寸为 0.5m×0.5m）。根据现场实际由设计院协助编制并上墙。

（9）现场指挥部人员信息表。

现场指挥部人员信息表见表 1-23。

表 1-23　　　　近期物资需求表（A3 打印）

序号	部门（单位）	姓名	工作岗位	手机长号	备注

（10）每周及每日气象信息（A3 打印）

每周及每日气象信息（A3 打印）见图 1-7。

■ **本周天气持续炎热，** ××月××～××月××日晴天到多云，中午前后阳光猛烈，最高气温持续在××℃左右。××月××日～××日（周末）多云，部分时间有阵雨或雷阵雨

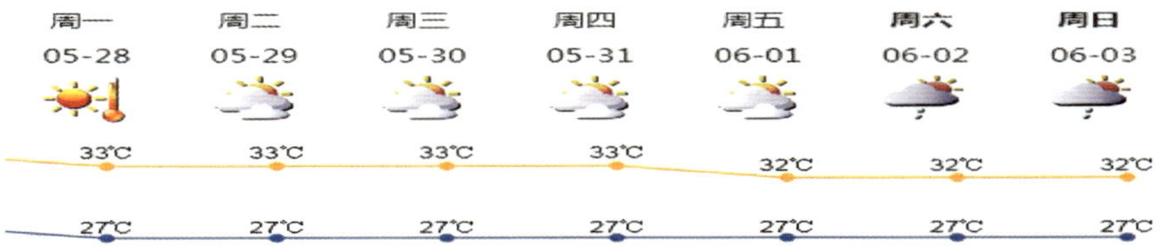

图 1-7　每周及每日气象信息

1.2 灾后抢修复电组织架构及职责

灾后抢修复电组织架构及职责见图 1-8。

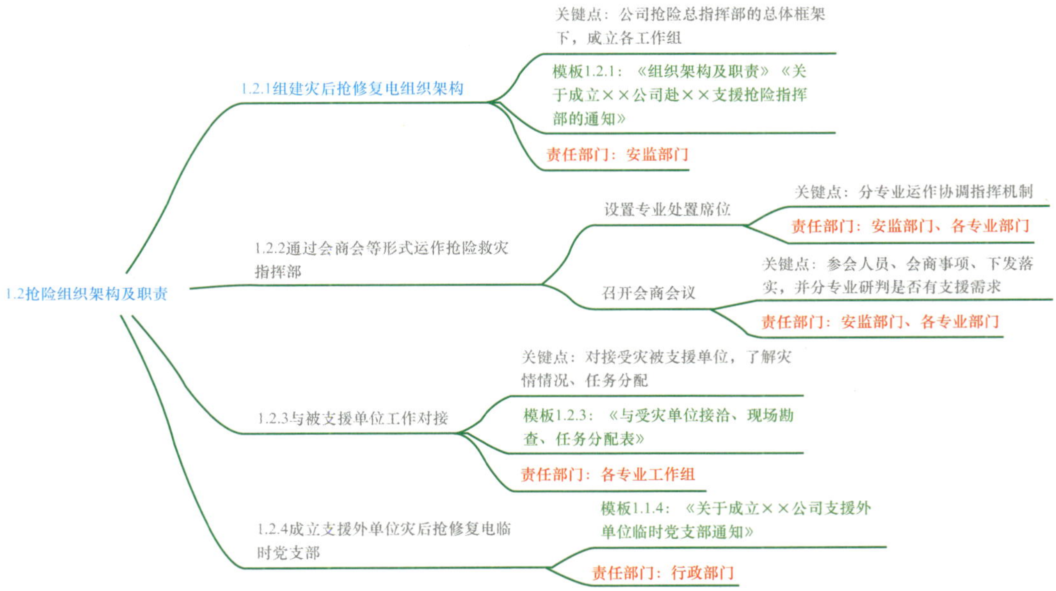

图 1-8　灾后抢修复电组织架构及职责

1.2.1 公司支援外单位灾后抢修复电抢修前准备工作指引

（1）公司支援外单位灾后抢修复电抢修前准备工作指引见表 1-24。

表 1-24　　灾后抢修复电抢修前准备工作指引

责任单位	具体工作内容
组长	1. 接受网公司指令并汇报； 2. 接受副组长、各组组员汇报； 3. 重大问题协调决策
安全督导小组（安监部门）	1. 承担应急办公室职责，负责应急总体协调； 2. 根据网公司指示，组织做好外部支援的准备； 3. 发布灾后抢修安全原则、应急抢修现场风险控制措施，组织各单位预先开展抢修工作安全交底； 4. 组织各专业组建立外部支援微信群（包括应急指挥群、安全监管群、物资保障、后勤新闻群组），确定沟通联系方式； 5. 成立外部支援现场指挥部、后方指挥部、先期人员、先遣部队； 6. 组建外援队伍，并合理分组、明确职责，做好外部支援队伍资质、人员资质审查，随时待命； 7. 负责组建安全督导组，明确人员分工； 8. 组织各单位做好出发前人员集结、动员、安全技术交底、装备、物资检查
抢修协调小组（生技部门）	1. 负责组建抢修复电组，明确人员分工。明确抢修复电组先遣部队人员名单和工作任务； 2. 明确应急队伍需携带的应急物资和应急装备，并统计所携带的大型应急施工机械； 3. 准备抢修各项技术指导文件、明确抢修技术原则并下发给生产单位
物资保障小组（物资部门）	1. 与受灾地区物资管理人员取得联系，做好沟通； 2. 与各救援队伍物资管理人员取得联系，并明确分工、任务要求； 3. 为现场指挥部、先期人员、先遣部队准备个人防护用品（雨衣雨鞋、安全帽、应急手电等）
综合保障小组（行政部门）	1. 与受灾地区后勤管理人员取得联系，做好沟通； 2. 组建指挥部后勤保障组、建立后勤服务责任机制、筹备指挥部办公物资，与各救援队伍后勤、新闻管理人员取得联系，并明确分工、任务要求； 3. 收集各救援队伍后勤需求，并做好准备； 4. 发布支援工作期间新闻工作注意事项、制订新闻通稿； 5. 制作 VI 用品，准备好车辆的标签、宣传标语、旗帜； 6. 安排指挥部后勤服务车辆，筹备后勤保障物资为先期人员、先遣部队提供交通、医疗卫生服务； 7. 资金筹备； 8. 安排后勤先遣人员前往支援地，跟进指挥部车辆、人员前往支援地
各项目组	1. 根据指挥部要求组建应急队伍，并明确各类人员职责。做好外部支援队伍资质、人员资质备案资料准备； 2. 明确所需携带的应急物资和应急装备，做好应急物资和应急装备的检查、准备工作，检查应急灯充电、车辆加油检查、药箱、辅材等； 3. 提前做好抢修前安全技术交底； 4. 统计本队伍的人员名单、车辆，提交支援后勤需求给后勤组，做好交通安排； 5. 组织支援人员做好出发前人员集结、动员、安全技术交底； 6. 评估外出工作对本地工作的影响，做好与留守人员的工作交接，确保本地紧急业务不受影响

（2）公司赴外单位支援抢险指挥部模板见图 1-9。

关于成立 ×× 公司赴 ×× 支援抢险指挥部的通知

按照上级电网公司的统一部署，为全力做好 ×× 地区的灾后抢修复电工作，经研究，决定成立 ×× 公司赴 ×× 支援抢险指挥部，统一指挥、协调公司各部门（单位）的抢险工作。

一、支援 ×× 抢险总指挥部

总指挥：总经理（安全生产主要负责人）

副总指挥：分管安全生产副总经理（安全生产直接负责人）

成员：安监部门、行政部门、生技部门、市场部门、基建部门、物资部门、集体企业主要负责人

职责：布置落实上级有关灾后支援抢险工作的各项要求；统一指挥公司支援抢险工作；决定支援抢险工作的重大事项；决定支援抢险工作的启动和终止；监督指挥支援抢险工作的实施；确保支援抢险工作资金的投入和人力、物力保障。

支援 ×× 抢险总指挥部办公室设在安全监管部门（简称“抢险办”），负责为现场抢险提供技术支持；提供支援抢险值班、综合协调工作，做好信息收集、整理、传递和发布，及时将前线抢险队伍的需求反馈指挥部并作出安排。

抢险办赴前线第一联络人：安全监管部门负责人，电话：×××；第二联络人：安监部门负责人，电话：×××。

抢险办留守深圳第一联络人：×××，电话：×××；第二联络人：×××，电话：×××。

请各部门（单位）要充分认识此次抢险工作的艰巨性、复杂性，层层落实工作责任制，在做好抢险外援工作的同时，全力做好深圳电网的应急保供电工作。请宣传部门做好此次赴 ×× 支援抢险的宣传工作（联系人：×××，电话：×××）；物流中心做好抢修物资、电网设备备品配件的供应工作（联系人：×××，电话：×××）；公司行政部门做好赴 ×× 支援抢险的后勤保障工作（联系人：×××，电话：×××）；公司工会组织做好赴 ×× 支援抢险干部员工及家属的慰问工作（联系人：×××，电话：×××），切实把组织的温暖送到每家每户。

图 1-9　公司赴外单位支援抢险指挥部模板（一）

二、赴 ×× 支援抢险前线指挥部

总指挥：分管安全生产副总经理（安全生产直接负责人）

副总指挥：安监部门、生技部门、市场部门、集体企业主要负责人

成员：基建部门、安监部门负责人、市场部门配网科和安监部门应急科负责人及安监部门、生技部门、市场部门、基建部门及外协单位相关负责人

职责：负责支援抢险的现场指挥工作；决定支援抢险现场工作的重大事项；监督指挥现场抢险工作的实施；负责对外的联络、协调管理。

赴 ×× 支援抢险前线指挥部下设三个工作组（或根据需要设立抢修复电组、调度组、物资调配组、综合援助保障组、各项目组）

（一）技术组

组长：生技部门负责人

成员：基建部门负责人、生技部门相关科室负责人以及安监部门、生技部门、基建部门以及外协单位相关人员

职责：负责组织现场抢险的技术管理，组织开展现场抢险技术问题的研究协调、技术方案的制订和监督实施；为现场抢险工作提供技术支持和建议；负责组织现场应急物资的调配。

联络人：××，电话：××

（二）安监组

组长：安监部门主要负责人

成员：安监部门负责人以及三级安全网相关人员

职责：负责组织现场抢险现场作业的安全监督；为现场抢险工作安全措施提出实施建议。

联络人：××，电话：××

（三）综合组

组长：行政部门或物流部门主要负责人

成员：行政部门、物流部门、安监部门负责人及应急科负责人、秘书

职责：负责现场抢险有关事项的协调，以及抢险现场信息收集、整理、传递和发布。

联络人：××，电话：××

特此通知。

图 1-9　公司赴外单位支援抢险指挥部模板（二）

1.2.2 现场指挥部运作机制

1.2.2.1 会商机制运作

支援外单位开展抢修复电期间，原则上现场指挥部早晚各召开一次紧急会商会议八个专业工作组组长及相关人员参会。会议主要议程如下：

（一）听取各个专业工作组汇报；

（二）技术组通报设备受损及抢修情况；安监组汇报现场抢修复电安全督导工作安排及存在问题；综合组汇报抢修物资供应情况及存在问题、后勤保障及应急通信保障情况；

（三）组织讨论应对措施、行动方案、资源调配等工作部署，由总指挥或副总指挥决策；

会议期间由公司应急办组织做好会议记录，在会后第一时间下发并监督落实，记录模板和会议决策下发模板与内容抢险救灾相同。

1.2.3 支援外单位灾后抢修复电支援抢修复电过程工作指引

1.2.3.1 与受灾单位接洽、现场勘查、任务分配（先遣部队）

与受灾单位接洽、现场勘查、任务分配（先遣部队）见表 1-25。

表 1-25　　与受灾单位接洽、现场勘查、任务分配

责任单位	具体工作内容
前方指挥部	
组长	1.根据任务，决定派遣大部队队伍数量、装备、到达时间； 2.与网公司、受灾地区电网企业沟通明确抢修任务、抢修原则，双方的职责分工和配合方式； 3.组织与对方接应运行单位召开见面会，沟通明确双方的职责分工和配合方式； 4.确定现场勘查方案和后续抢修任务分工方案
安全督导组	1.及时将支援到位情况向当地电网企业应急办汇报； 2.组织建立现场指挥部； 3.组织抢修队伍与当地电网企业运行单位签订抢修协议； 4.了解现场受灾情况和分析抢修安全风险，明确安全督查工作方案，并做好督查记录； 5.组织完善各抢修支援组的微信群
抢修复电组	1.制订现场勘查区域分工、明确现场勘查工作要求； 2.协调属地电网企业派员参与现场查勘工作，并对现场查勘工作作技术及安全监督支持； 3.获取受灾设备运维管理所相应的工作票会签人和工作许可人名单； 4.向受灾设备运维管理所提供经培训考核合格的工作票签发人和工作负责人名单； 5.受灾单位原则上应在抢修任务分派前完成灾情核查工作，当本单位力量不足时，可由受灾设备运维管理所向支援单位应急队伍申请灾情核查协助； 6.收集、协调工程施工器械、发电车等需求，做好分配计划； 7.收集受灾情况，并确认抢修方案，协调抢修队伍任务分配
物资调配组	1.做好与当地物流的沟通协调工作，做好与应急调配现场派驻组的沟通汇报工作； 2.确定应急物资配送点和配送管理人员分工； 3.收集物资需求，分批落实物资调配方案
综合援助保障组	1.做好与当地后勤人员的沟通协调工作，根据后勤需求，预定食宿，并做好分配； 2.协助组建指挥部办公场所； 3.根据现场情况，设立医疗、餐饮、车辆等后勤服务点； 4.指导、督促各分队后勤负责人改进后勤服务； 5.收集意见，及时改进后勤保障工作，协助组织一线抢修人员慰问工作

续表

各项目组	1.根据分工，与运行单位人员进行接洽，获取并熟悉停电线路运行信息，建立联系方式； 2.根据现场勘查区域分工，整理停电线路基础信息并制定分线路巡视分工（现场查勘人员至少应包含项目经理、工作负责人、设计人员及安全监护人员、物资管理人员）； 3.灾情核查协助工作应做好现场安全交底，并在受灾设备运维班组人员的带领下开展，做好相关记录； 4.工作负责人在办理工作票前要组织做好现场勘查工作，使用灾后抢修现场勘查工作单，收集线路受损信息、对巡视发现的受灾情况拍照，初步提出抢修方案，提出工程施工器械、发电车等需求； 5.编制审核抢修工作方案、专项工作方案； 6.租用大型特种设备时，应查看大型特种设备的年审情况和操作人员资质证件。大型特种设备作业前应进行专项安全技术交底； 7.收集受灾情况，并确认抢修方案； 8.提出所需的抢修物资； 9.提出所需后勤支持

1.2.3.2 抢修复电（大部队到达）

抢修复电（大部队到达）见表 1-26。

表 1-26 抢修复电具体工作

责任单位	具体工作内容
前方指挥部	
总指挥	1. 接受各组汇报，对工作任务分配、抢修方案、资源配给进行决策； 2. 与受灾地区政府、电网企业、上级沟通
安全督导组	1.及时将支援到位情况、支援工作进展和需协调问题向当地电网企业应急办汇报，同时向总指挥汇报； 2.根据各单位抢修工作任务及时调整督查计划，并按计划开展抢修现场安全督查； 3.根据抢修情况，发布风险提示、分享安全经验； 4.接受上级和总指挥的指令并传达落实； 5.施工班组应严格落实现场作业风险控制措施
抢修协调组	1.协调工程施工器械、发电车等需求； 2.每天两次跟进抢修进度和送电情况，及时调整抢修计划； 3.发布抢修过程项目管理要求和流程； 4.与当地电网企业、政府群众协调做好青赔工作； 5.对于 220V、380V 低压配电设备可不办理工作票，但必须使用紧急抢修工作票
物资调配组	1.收集各单位材料物资需求，做好物资的应急调配工作，做好物资材料发放和派送；收集需求后应报指挥部抢修协调组审核； 2.做好应急物资紧急调配、采购和供应工作； 3.做好与当地物流的沟通协调工作，做好与应急调配现场派驻组的沟通汇报工作
综合援助保障组	1.协助做好抢修人员的食宿行及其他等保障工作； 2. 负责在抢修期间的交通车辆管理及调度等工作； 3.实施抢修期间慰问第一线抢修员工工作方案； 4.实施抢修期间抢修人员的医疗保障工作方案； 5.做好与当地电网企业后勤新闻人员的沟通协调工作； 6.深入抢修一线现场采访、采写抢修稿件；按规定的时间节点向宣传部门投稿；在本局局门户网站及时发布、更新有关防御、抢修复电的稿件； 7.接待和安排媒体记者的采访报道，加强与政府宣传部门和各媒体的信息联系； 8.妥善处置抢修期间可能发生的舆情事件，进行新闻宣传危机公关

续表

责任单位	具体工作内容
各项目组	1.甲方人员：负责施工方案的审批、甲方对乙方的安全技术交底、工作现场安全监督、验收工作。负责工作票的审核，并送运行单位审批。负责与当地供电运行单位的协调； 2.乙方人员：施工方案、工作票的编制、根据抢修方案做好安全组织措施和技术措施、现场管理、验收、投运工作； 3.根据抢修方案做好安全督察、安全风险提示、安全经验分享工作； 4.每天两次上报抢修复电情况和送电情况； 5.做好物资需求统计上报； 6.物资分发、实际领用统计； 7.做好工程竣工验收和工程量签证工作； 8.做好本单位抢修、外部支援单位后勤工作、新闻工作
后方指挥部	
总指挥	1.协调各专业组，根据前方需求决策补充人力、物力，并组织慰问； 2.组织做好后方自身安全生产工作
综合协调组（安监部门）	1.组织先遣部队出发； 2.根据先遣部队反馈的要求，及时调整大部队队伍组成并组织出发； 3.掌握前方抢修的工作开展情况，根据要求向和总指挥汇报抢修支援情况； 4.收集前方需求，做好后方支持工作
物资调配组	根据前方需求，做好后方物资调配工作
综合援助保障组	1.根据前方需求，做好后方后勤支援工作； 2.协助前方做好新闻报道的整理、报送工作； 3.做好支援所需交通安排和支持； 4.做好队伍返回的迎接表彰安排
慰问组（工会）	组织慰问工作

1.2.3.3 支援外单位灾后抢修复电结束工作指引

支援外单位灾后抢修复电结束工作指引见表 1-27。

表 1-27　　支援外单位灾后抢修复电结束工作指引

责任单位	具体工作内容
后方指挥部	
综合安全管理组（安监部门）	1. 组织编制支援抢修工作总结； 2. 组织做好抢修表彰、抢修加班确认工作
物资保障组（物资部门）	做好本地物资材料支援量的统计确认工作。做好应急物资使用量统计汇总工作，报网公司、受援单位确认后，按来源性质不同分别办理调拨结算手续或申购结算等手续
后勤新闻组（行政部门）	1. 做好迎接支援队伍返回的工作； 2. 做好抢修复电成果的报道
各有关部门	协助做好抢修加班确认工作
前方指挥部	
组长	接受各组汇报，协调工程结算、返程有关事项的决策
安全督导组	1. 及时将复电任务完成情况向当地电网企业应急办汇报，同时向总指挥汇报，确认返程时间； 2. 负责编制前方抢修安全监督工作总结； 3. 做好返程安全注意事项指引和检查确认
抢修协调组	1. 组织完成抢修工程量核对、签证； 2. 负责再次核对所有抢修任务已结束，并已与受灾单位交接完毕； 3. 返回后继续组织完成抢修工程结算工作

续表

责任单位	具体工作内容
物资调配组	1. 做好物资材料的进出库等数据的统计、核对工作； 2. 做好退料、退运拆旧物资的接收入库、清点验收和保管工作； 3. 协助编写《抢修复电工作总结》
综合援助保障组	1. 做好外出支援后勤费用结算工作； 2. 组织做好返回前车辆安全检查、制作返程方案，明确返程路线； 3. 根据返程路上后勤需求，做好返程路上的交通、食、宿安排
各项目组	1. 完成抢修工程量核对、签证； 2. 编写《抢修复电工作总结》； 3. 做好物资领料、退料、退运拆旧物资的清单、统计与退回移交工作； 4. 协助做好后勤结算工作，并做好返程路上的交通、食、宿安排； 5. 协助做好新闻总结报道； 6. 统计人数，做好返程安全注意事项安排

1.2.4 支援外单位灾后抢修复电临时党支部（模板）

支援外单位灾后抢修复电临时党支部（模板）见图 1-10。

关于成立 ×× 公司支援外单位临时党支部通知

本部各部门、直属各单位：

为全力 ××× 单位做好灾后抢修复电工作，发挥党员特别能吃苦、特别能战斗的组织优势，承担各项“急、难、险、重”的工作任务，集中力量攻坚克难。经 ××× 党支部研究，决定成立 ××× 单位支援 ×× 灾后抢修工作临时党支部，充分发扬党员的先锋模范作用。

一、成立临时党支部

组长：××× 党支部党员

成员：××× 党支部党员

联络人：××× 党支部党员

职责：充分发扬党员的先锋模范作用，主动承担抢险过程中各项“急、难、险、重”的工作任务。

二、工作要求

（一）抢险工作应按照《关于加强 ××× 影响期间灾中防御和灾后抢修人身风险管控工作的通知》要求进行，认真落实《安规》关于抢修复电的相关规定，确保安全第一。

（二）抢修复电工作应服从前线抢险指挥部的总体部署，严格按照分工完成相关工作。

特此通知。

图 1-10　支援外单位灾后抢修复电临时党支部（模板）

1.3 队伍调配

队伍调配见图 1-11。

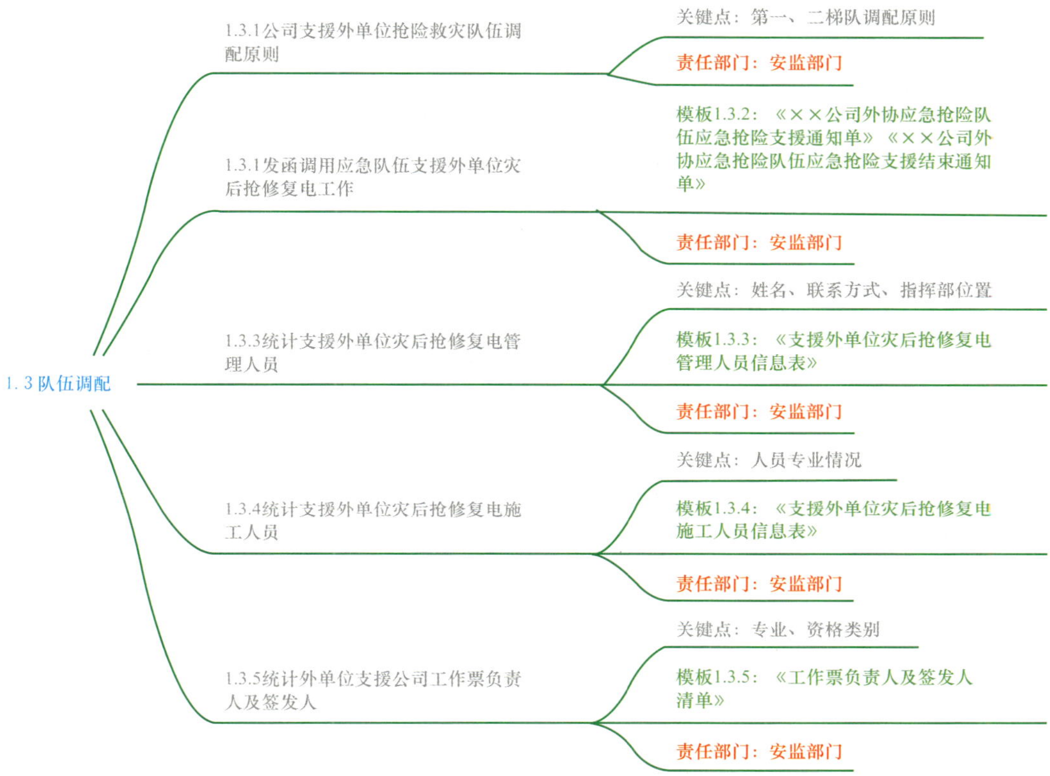

图 1-11 队伍调配

1.3.1 公司支援外单位灾后抢修复电队伍调配工作指引

应急抢险队伍调配，原则上优先调配公司通过框架招标确定的外协应急队伍（第一梯队）开展支援外单位灾后抢修复电工作。在外单位受灾风险等级较高且中标外协应急队伍无法满足实际需求的情况下，调用其他外协应急队伍（第二梯队）参与开展支援外单位灾后抢修复电工作。

1.3.2 调用应急队伍支援外单位灾后抢修复电工作函件（模板）

调用应急队伍支援外单位灾后抢修复电工作函件（模板）见图 1-28 和表 1-29。

表 1-28 ××公司外协应急抢险队伍应急抢险支援通知单

发布单位：××公司（盖公司或部门章） 签发人：×××

抢险支援名称	XX 台风（暴雨）灾后应急抢险支援
启动时间	20XX 年 XX 月 XX 日 XX 时 XX 分
抢险支援编号	QXZY-F-20XX - YY

续表

抢险支援范围	全市（XX 区、XX 区）	
发至单位	1. ××20XX-20XX 年度外协应急抢险队伍抢险支援项目中标单位：××公司（配网）、××公司（主网） 2. 生技部门、市场部门、输电设备管理部门、变电设备管理部门、各区县供电局	
队伍规模	主网：XX 人	配网：XX 人（XX 区 XX 人）
灾情概要	描述灾情情况	
应急抢险支援工作要求	1. 外协应急抢险队伍应急抢险支援启动和结束指令由公司应急办负责发布。 2. 各区域外协应急抢险队伍在 1 个小时内赶赴 XX 地点集结状态，满足立即开展应急抢险的条件。 3. 应急抢险期间，各外协应急抢险队伍要服从 ××公司三防应急指挥部及各生产单位的指挥，在按照相关规定落实好安全措施的前提下开展应急抢险工作。 4. 各生产单位要及时做好待命期间应急抢险队伍现场到位表、现场照片、工程量签证等资料收集和确认工作。 5. 其他工作请在确保安全前提下按合同约定事项执行。 6. 待命期间 ××公司应急办联系人：XXX（电话）；XXX（电话）	
备注		

注：1. 抢险支援名称：根据实际情况设置抢险支援名称；

2. 抢险支援编号：QXZY 代表抢险支援；“F”表示首次发布，“T”表示调整；“20XX”表示年号；“YY”表示序列号，范围为 01-99，抢险支援调整给予新编号。

表 1-29　　××公司外协应急抢险队伍应急抢险支援结束通知单

发布单位：××公司（盖公司或部门章）　　　　签发人：XXX

抢险支援名称	XX 台风（暴雨）灾后应急抢险支援
抢险支援编号	QXZY-F-20XX - YY
结束时间	20XX 年 XX 月 XX 日 XX 时 XX 分
发至单位	1. ××20XX-20XX 年度外协应急抢险队伍抢险支援项目中标单位：××（配网）、××（主网） 2. 生技部门、市场部门、输电设备管理部门、变电设备管理部门、各区县供电局
结束原因及灾情概要	描述当前灾情情况和结束原因
后续工作要求	1. 各生产单位要根据已收集的应急抢险期间应急抢险队伍现场到位表、现场照片、工程量签证等资料，组织再次核实并签字确认。 2. 其他工作请在确保安全前提下按合同约定事项执行。 3. ××公司应急办联系人：XXX（电话）；XXX（电话）
备注	

注：1. 抢险支援名称：根据实际情况设置抢险支援名称。

2. 抢险支援编号：QXZY 代表抢险支援；“F”表示首次发布，“T”表示调整；“20XX”表示年号；“YY”表示序列号，范围为 01-99，抢险支援调整给予新编号。

1.3.3 支援外单位灾后抢修复电管理人员信息表（模板）

支援外单位灾后抢修复电管理人员信息表（模板）见表 1-30。

表 1-30　　支援外单位灾后抢修复电管理人员信息表

序号	各外援单位名称	队伍岗位	姓名	手机号码	微信号	年龄	性别	职称	职务	参援人数	现场指挥部位置（含凯立德 K 码）	备注
1	XX 电网企业	队长	张三	139XXXXXXXX						XX		
2	XX 电网企业	后勤负责人	张三	139XXXXXXXX						XX		

1.3.4 支援外单位灾后抢修复电施工人员信息表（模板）

支援外单位灾后抢修复电施工人员信息表（模板）见表 1-31。

表 1-31　　支援外单位灾后抢修复电施工人员信息表

序号	各外援单位名称	队伍岗位	姓名	手机号码	微信号	年龄	性别	职称	职务	备注
1	XX 电网企业	队员	张三	139XXXXXXXX						
2	XX 电网企业	队员	张三	139XXXXXXXX						

1.3.5 支援外单位灾后抢修复电施工单位工作票负责人及签发人名单（模板）

支援外单位灾后抢修复电施工单位工作票负责人及签发人名单（模板）见表 1-32。

表 1-32　　支援单位工作票签发人、工作负责人名单

支援单位：　　　　总指挥签名：

序号	单位	姓名	身份证号	性别	专业	资格类别	手机

制表人：　　　　日期：

1.4 施工车辆准备

施工车辆准备见图 1-12。

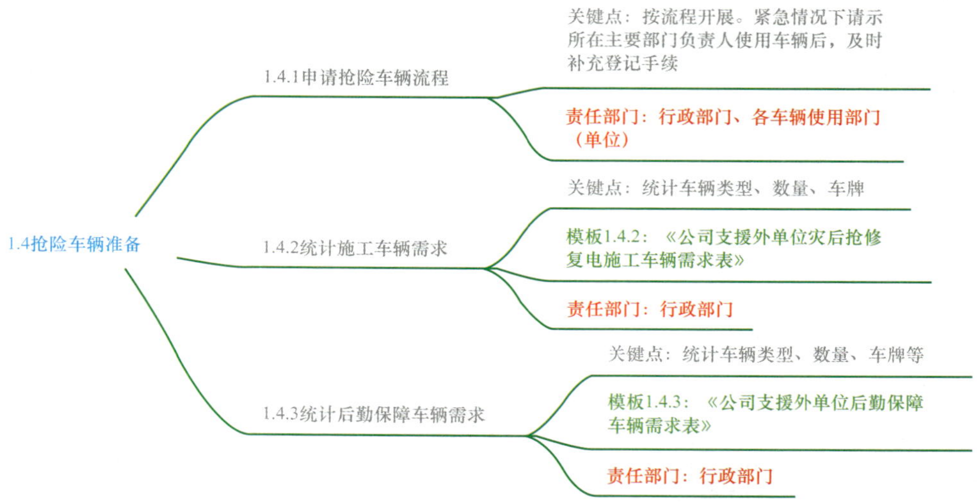

图 1-12　施工车辆准备

1.4.1 支援外单位灾后抢修复电施工车辆管理工作指引

按照抢险救灾总体工作部署，各部门单位抢险救灾应按照 ×× 日常车辆使用审批流程进行用车申请，遇特殊情况在请示所在部门主要负责人的情况下，先使用后进行用车审批登记。

1.4.2 公司支援外单位灾后抢修复电施工车辆需求表（模板）

公司支援外单位灾后抢修复电施工车辆需求表（模板）见表 1-33。

表 1-33　　公司支援外单位灾后抢修复电施工车辆需求表

序号	车辆类型	车辆	数量	投入时间	备注

1.4.3 公司支援外单位灾后抢修复电后勤保障车辆需求表（模板）

公司支援外单位灾后抢修复电后勤保障车辆需求表（模板）见表 1-34。

表 1-34　　公司支援外单位灾后抢修复电后勤保障车辆需求表

序号	车辆类型	车辆	数量	投入时间	备注

1.5 应急装备准备

应急装备准备见图 1-13。

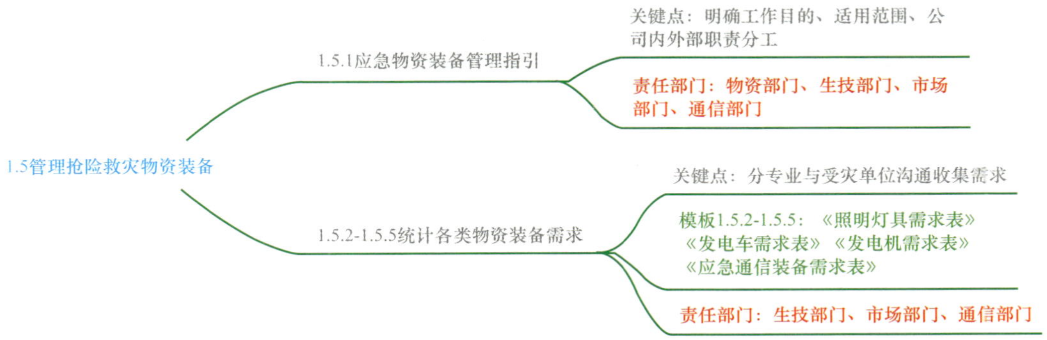

图 1-13　应急装备准备

1.5.1 公司支援外单位灾后抢修复电应急装备准备工作指引

（1）物资部门做好抢修物资调配工作，确保各抢修队伍灾后第一天抢修物资需求，避免出现停工待料现象。

（2）各生产单位急救包作为区域抢修物资配送点，物资配送到货后由各班组仓管员登记领出料情况。

1.5.2 支援外单位灾后抢修复电照明灯具需求表（模板）

支援外单位灾后抢修复电照明灯具需求表（模板）见表 1-35。

表 1-35　　　支援外单位灾后抢修复电照明灯具需求表

序号	照明灯具名称	规格型号	单位	需求数量	需求联系人与联系方式
1					
2					
3					
4					
5					
6					

1.5.3 支援外单位灾后抢修复电发电车需求表（模板）

支援外单位灾后抢修复电发电车需求表（模板）见表 1-36。

表 1-36　支援外单位灾后抢修复电发电车需求表

序号	单位	发电车		
		数量及容量	工况	计划调配地点
1				
2				
3				
4				

1.5.4 公司支援外单位灾后抢修复电发电机需求表（模板）

公司支援外单位灾后抢修复电发电机需求表（模板）见表 1-37。

表 1-37　公司支援外单位灾后抢修复电发电机需求表

序号	单位	发电机		
		数量及容量	工况	计划调配地点
1				
2				
3				
4				

1.5.5 公司支援外单位灾后抢修复电应急通信设备需求表（模板）

公司支援外单位灾后抢修复电应急通信设备需求表（模板）见表 1-38。

表 1-38　公司支援外单位灾后抢修复电应急通信设备需求表

序号	应急通信装备名称	规格型号	单位	需求数量	需求联系人与联系方式
1					
2					
3					
4					
5					
6					

1.6 后勤保障

后勤保障见图 1-14。

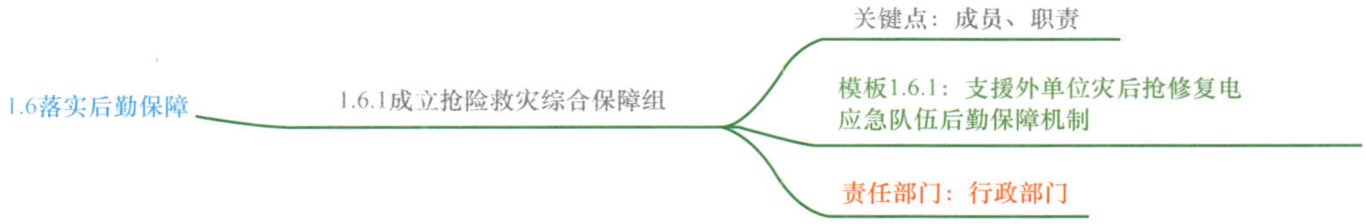

图 1-14　后勤保障

1.6.1 支援外单位灾后抢修复电应急队伍后勤保障机制

1.6.1.1 如遇到需外出支援外单位灾后抢修复电，根据电网企业抢险救灾总体工作部署，办公室成立综合保障组，下设安保、物业、后勤综合、车辆、小型基建五个专业，由小组统一指挥、协调和部署外出支援单位的后勤保障工作。

1.6.1.2 综合保障组根据外出支援单位的后勤需求，及时提供安保、物业、后勤综合、车辆、小型基建五个方面的支援，充分发挥后勤保障职责，在确保安全、天气条件允许的前提下指挥全力以赴开展外出支援队伍的后勤保障工作，保障生产一线人员的综合后勤需求。

2 | 现场实施

2.1 灾情勘查

灾情勘查见图 2-1。

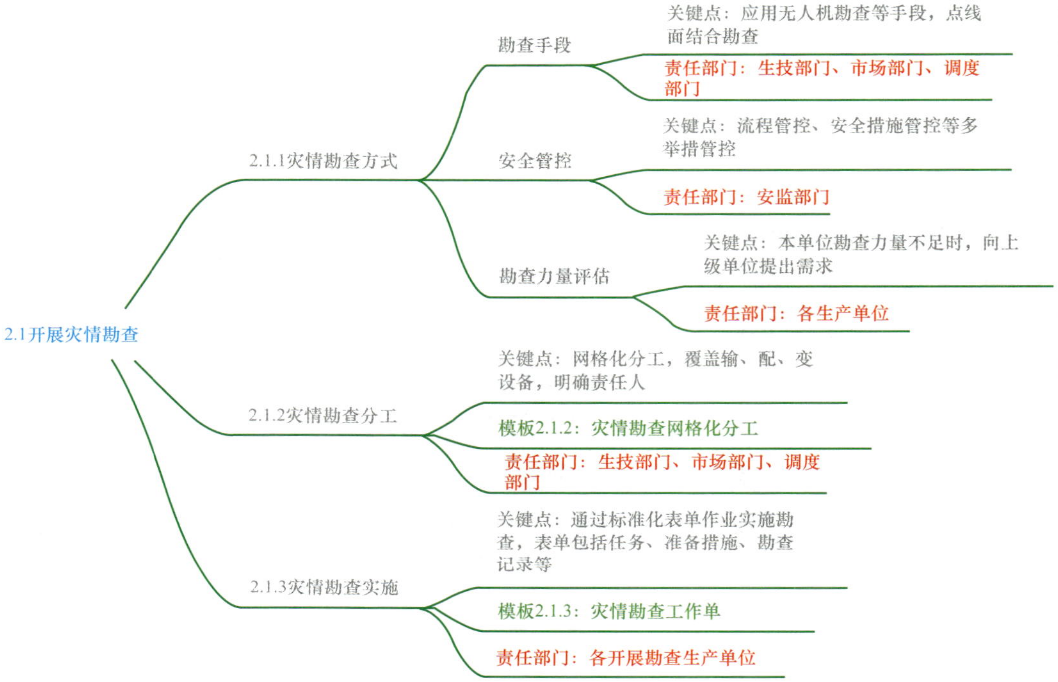

图 2-1　灾情勘查

2.1.1 灾情勘查方式及工作指引

灾情勘查方式主要有无人机巡视、人工巡视、在线监测巡视、试验检测等 4 种方式，受灾单位原则上应在抢修任务分派前完成灾情勘查工作，当受灾单位力量不足时，根据受灾单位需求协助开展灾情勘查。

灾情勘查协助工作应做好现场安全交底，并在受灾单位设备运维班组人员的带领下开展，过程中应按照灾情勘查工作单做好相关记录。

灾情勘查过程中，勘查人员应始终认为线路及设备带电，不得擅自处理任何故障；如发现因受灾设备影响，危及人身和财产安全等紧急情况时，在确保安全的情况下可采取紧急措施切断电源，采取紧急措施后应及时汇报；对不能自行处理的，应立即汇报并做好临时安全措施，等待处理。

2.1.2 灾情勘查网格化分工（模板）

灾情勘查网格化分工（模板）见表 2-1。

表 2-1　　灾情勘查网格化分工

设备类别	灾情勘查方式	勘查负责单位	勘查负责人
输电线路	无人机巡视		
	人工巡视		
	在线监测巡视		
变电设备	无人机巡视		
	人工巡视		
	在线监测巡视		
	试验检测		
配电设备	无人机巡视		
	人工巡视		
	在线监测巡视		
	试验检测		

2.1.3 灾情勘查工作单（模板）

灾情勘查工作单（模板）见表 2-2。

表 2-2　　灾情勘查工作单

<table>
<tr><td>支援单位班组</td><td colspan="2"></td><td>作业设备所属运行单位</td><td></td></tr>
<tr><td>工作任务</td><td colspan="4"></td></tr>
<tr><td>勘查时间</td><td colspan="2">年　　月　　日</td><td>核查范围</td><td></td></tr>
<tr><td>勘查人员签名</td><td colspan="4">勘查人员共计 ________ 人。工作负责人：____________________ 。
运行单位勘查人员：____________________ 。
支援单位勘查人员：____________________ 。</td></tr>
<tr><td colspan="5">一、核查准备</td></tr>
<tr><td rowspan="2">出发前准备</td><td>工器具</td><td colspan="3">望远镜 确认（　）、数码照相机 确认（　）、个人工具 确认（　）、PDA 确认（　）
其他 ____________________</td></tr>
<tr><td>资料</td><td colspan="3">单线图 确认（　）、线路或台区（低压线路）路径图 确认（　）
其他 ____________________</td></tr>
</table>

续表

风险评估及风险预控措施	触电	（1）沿线路外侧行走，大风应沿线路上风侧行走； （2）发现导线断落地面或悬吊空中，应设法防止行人靠近断线点 8m 以内，并迅速报告领导，等候处理； （3）单人巡视过程严禁攀登杆塔，禁止修剪可能触及带电设备的树木	确认（ ）
	坠落	（1）巡视时禁止攀登树木和杆塔。 （2）偏僻山区、夜间巡线时必须两人进行，选择恰当的巡视路径，防止失足跌落及山泥倾泻	确认（ ）
	交通意外	（1）恶劣天气，特别要做好出车前的检查； （2）夜间巡视需穿着反光衣	确认（ ）
	溺水	过河时，不得趟（游）不明深浅的水域，过桥时要提防桥有坍塌危险，要小心防止落水	确认（ ）
	其他	（1）灾情核实过程中，核查人员应始终认为线路及设备带电，不得擅自处理任何故障。 （2）如发现因受灾设备影响，危及人身和财产安全等紧急情况时，应及时汇报并做好临时安全措施，等待处理。	确认（ ）
	新增风险及控制措施		确认（ ）
	作业人员清楚工作任务和作业环境情况。		确认（ ）
周边环境和交通特点			确认（ ）
			确认（ ）
			确认（ ）
			确认（ ）

二、灾情记录	
1	
2	
3	
4	
5	
6	
7	

2.2 施工前准备

施工前准备见图 2-2。

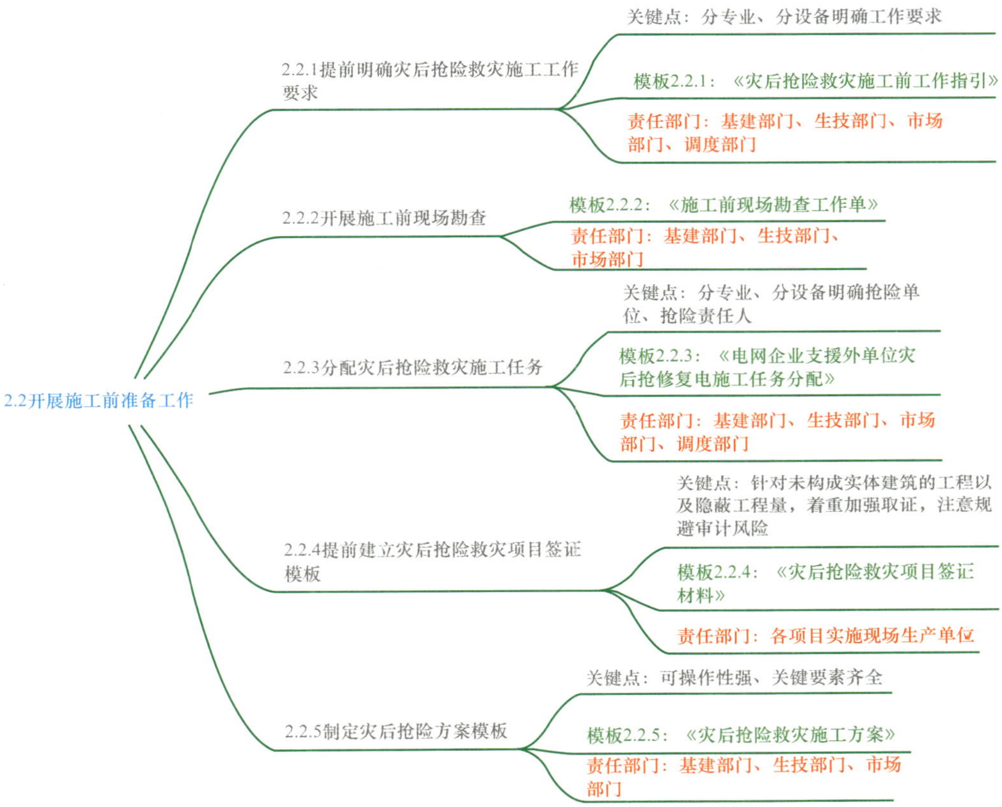

图 2-2　施工前准备

2.2.1 电网企业支援外单位灾后抢修复电施工前准备工作指引

支援外单位开展灾后抢险救灾施工前应进行全面安全风险评估，并落实风险控制措施。会同受支援单位明确灾后抢修复电工作责任范围、结算方式和取费标准，准备好相关签证材料模板，原则上由受支援单位开展立项和结算工作，支援方同步做好签证材料准备。同时根据风险评估制定详尽的灾后抢修复电实施方案，按照抢险复电优先顺序开展抢险复电工作。

2.2.1.1 作业前准备

重点风险：外力外物致伤、高处坠落。

风险控制主要措施：

（1）检查安全帽、安全带、工作服、工作鞋是否完好有效。

（2）正确佩戴安全帽、安全带，正确穿着工作服、工作鞋。

2.2.1.2 布置现场围蔽、警示标志

重点风险：触电、外力外物致伤、车辆伤害。

风险控制主要措施：

（1）在高处作业范围以及高处落物的伤害范围须围蔽，设置“禁止通行”安全警示标志，并设专人进行安全监护，防止无关人员进入作业范围和落物伤人。

（2）施工作业需占用机动车道时，必须在来车方向前 50m 的机动车道上设置交通警示牌，并将工作现场围蔽。

（3）夜间不能恢复道路原来状态时，应在警示牌上方悬挂红色警示灯。

（4）在公路或公路旁进行施工作业的工作人员，必须穿反光衣。路面应设置警示标志。

2.2.1.3 安全技术交底

重点风险：触电、误操作。

风险控制主要措施：

（1）抢修工作（含低压抢修）开工前，协调被支援单位安排熟悉线路、设备情况的人员对外施工单位现场工作负责人进行全面的安全技术交底。

（2）抢修工作开工前，施工单位现场工作负责人必须向工作班成员宣讲工作票或施工方案内容，使参加工作的每个成员都知道工作时间、工作地点、工作内容、停电范围、邻近带电部位，交代现场安全措施、注意事项，明确分工和责任；做到所有工作人员明白后，方可开始工作。

2.2.1.4 停电

重点风险：触电、误操作。

风险控制主要措施：

（1）断开可能送电到工作地段的各端断路器、隔离开关和熔断器，断开后在操作机构悬挂“线路有人工作，禁止合闸”标示牌。

（2）断开危及作业的交叉跨越、平行或同杆线路的断路器、隔离开关和熔断器。

2.2.1.5 验电

重点风险：触电、误操作。

风险控制主要措施：

（1）在停电线路工作地段装接地线前，要先验电，验电使用试验合格的相应电压等级专用验电器。

（2）验电时，应戴绝缘手套，并有专人监护。

2.2.1.6 接地

重点风险：触电。

风险控制主要措施：

（1）严禁未经验明确无电压就挂接地线或合接地开关。

（2）凡有可能送电到工作地段的各来电侧，必须有效接地。

（3）若有感应电压反映在停电线路上时，应加挂接地线。

（4）装、拆接地线要严格按工作规定执行。注意人体不得碰触接地线，应“先装接地端、先拆带电端”并保持相应电压等级的安全距离。

（5）防止用户乱接线或使用没有双投隔离开关闭锁上网的小型自备发电机从低压侧反送电，危及配网作业人员人身安全。所有低压用户，均应视为可以反送电的电源，必须采取防止反送电的安全措施。

2.2.1.7 工作许可

重点风险：触电、误操作。

工作许可由受支援单位安排熟悉现场人员开展。

2.2.1.8 施工电源

重点风险：触电。

风险控制主要措施：

（1）临时电源应使用有漏电保安器和插座的电源架（放线盘）。

（2）严禁用导线直接插入插座取得电源，插座与插头应配套、完好无损。

（3）电气设备和各类电动工具，其电机外壳必须有良好的接地。

2.2.1.9 运输

重点风险：外力外物致伤、车辆伤害。

风险控制主要措施：

（1）车辆不得超载、人货混载，运输电杆、变压器和线盘必须绑扎牢固，防止滚动、移动伤人。

（2）装卸电杆应防止散堆伤人。

（3）多人抬杆必须同肩，步调一致，起放电杆时应互相呼应。

（4）凡用绳子牵引水泥杆上山，必须将水泥杆绑牢，钢丝绳不得触磨地面，爬山路线两侧5m以内，不得有人停留或通过。

2.2.1.10 起重

重点风险：外力外物致伤。

风险控制主要措施：

（1）起重机械和起重工具的工作荷重不准超过铭牌规定。

（2）起重作业前，应对钢丝绳、滑车等进行常规外观检查，确保其性能良好。

（3）起重作业应专人指挥，并按规定的指挥信号、手势进行指挥。起重前必须先鸣喇叭，或向现场工作人员发出明确信号。

（4）现场工作人员和指挥人员应站在安全地方，防止被吊物件坠落伤人。

2.2.1.11 立、撤杆（塔）工作

重点风险：外力外物致伤、坍塌。

风险控制主要措施：

（1）在杆根附近挖基础，应做好预防基坑塌方措施，防止基坑塌方引起杆根下沉造成的倒杆事故。

（2）立、撤杆要设专人统一指挥。

（3）立杆过程杆坑内严禁有人。除指挥人及指定人外，其他人员必须在远离杆下 1.2 倍杆高的距离以外。

（4）立杆及修整杆坑时，应采用叉杆和拉绳控制防止杆身滚动、倾斜。

（5）使用吊车立、撤杆时，钢丝绳套应吊在杆的适当位置以防止电杆突然倾倒。

（6）电杆起离地面后，应对各吃力点做一次全面检查，确无问题再继续起立，起立 60°后应减缓速度，控制好后侧头部拉绳，防止过牵引。

2.2.1.12 杆（塔）、台架上工作

重点风险：触电、外力外物致伤、高处坠落。

风险控制主要措施：

（1）在攀登杆塔前，必须认真核对设备名称、编号、位置，以防登错杆塔，误登其他带电杆塔。

（2）上杆前，应先检查杆根是否牢固；新立电杆在杆基未完全牢固以前，严禁攀登；遇有冲刷、起土、上拔的电杆，应先培土加固或支好杆架、或打临时拉绳后，再行上杆；凡松动导、地线，拉线的电杆，应先检查杆根，并打好临时拉线或支好杆架，再行上杆。

（3）在杆塔或设备的构件等高处作业，上、下杆塔垂直或水平转移作业等，应采用水平安全绳、速差自控器或安全自锁器、防坠落装置等安全防护措施和扶手措施。安全带应系在电杆及牢固的构件上，防止安全带从杆顶脱出。作业及转移全过程不得失去保护。

（4）在高处作业时严禁抛接物品，高处作业人员应防止碰触落物伤人，使用的工具、材料应用绳索传递。

（5）与带电导线最小距离应保证不小于安全距离，10kV 及以下距离 0.7m；35kV 距离 1m。

2.2.1.13 放线、紧线、撤线

重点风险：触电、外力外物致伤。

风险控制主要措施：

（1）放、撤线和紧线工作，应设专人统一指挥、统一信号。

（2）严禁采用突然剪断导、地线方法松线。

（3）放线、撤线前应先检查拉线、拉桩及杆根，如不能适用时应加设临时拉线加固。

（4）紧线时，应检查接续管或接线头以及滑轮、横担、跨越架、树木、房屋等有无卡住现象。工作人员不得站在导线的内角侧和上方，防止意外跑线伤人。

（5）放线、紧线、撤线必须采取有效的防导线磨刮措施，防止与其交叉跨越的带电线路、通信线路等作拉锯式磨刮损坏后引起触电事故。在拆旧线展放新导线过程中，禁止强行拉扯导线，要防止拉断导线碰触邻近带电线路引发触电事故。

2.2.1.14 砍伐树木

重点风险：外力外物致伤、高处坠落。

风险控制主要措施：

（1）不得攀登杆塔砍伐树木，树木、绳索不得接触导线，并与导线保持安全距离。

（2）上树砍剪树木时，不应攀抓脆弱和枯死的树枝。

（3）防止树木落在导线上，设法用绳索将其拉向导线相反的方向，严禁用手去取接触导线的树木。

（4）砍剪树木应有专人监护，不得有人逗留，防止砸伤行人。

2.2.1.15 工作终结

重点风险：触电、误操作。

风险控制主要措施：

（1）完工后，必须认真检查旧线路是否已经拆离，防止新旧线路混接造成人身触电伤亡事故。

（2）完工后，工作负责人（包括小组负责人）必须检查线路检修地段的状况以及在杆塔上、导线上及绝缘子上有无遗留的工具、材料等，通知并查明全部工作人员确由杆塔上撤下后，再命令拆除接地线。接地线拆除后，不准任何人再登杆进行任何工作。

（3）完工后，协助受支援单位组织人员进行验收。

2.2.2 施工前现场勘查工作单（模板）

施工前现场勘查工作单（模板）见表 2-3。

表 2-3　　　　电网企业现场作业勘查工作单

<table>
<tr><td>作业（施工）单位</td><td></td><td>作业设备所属运行单位</td><td></td></tr>
<tr><td>工作任务</td><td colspan="3"></td></tr>
<tr><td>勘查地点</td><td></td><td>勘查时间</td><td>年　月　日</td></tr>
<tr><td>勘查人员签名</td><td colspan="3">勘查人员共计 ________ 人。
工作负责人：________________ 。
运行单位勘查人员：________________________ 。
外施工单位勘查人员：________________________ 。</td></tr>
<tr><td colspan="4">一、现场勘查内容记录</td></tr>
<tr><td colspan="2">勘查内容</td><td>勘查结果</td><td>勘查记录</td></tr>
<tr><td rowspan="2">基础资料</td><td>作业范围内设备、设施、标识与图纸的一致性</td><td></td><td>确认（　）</td></tr>
<tr><td>不一致的是否根据现场实物已修改图纸</td><td></td><td>确认（　）</td></tr>
<tr><td rowspan="7">停电范围及操作设备</td><td>(1) 摸清作业地段的电源侧和负荷侧</td><td></td><td>确认（　）</td></tr>
<tr><td>(2) 摸清反送电可能的位置</td><td></td><td>确认（　）</td></tr>
<tr><td>(3) 摸清邻近或交叉的带电线路和设备。线路同杆架设，保证工作人员距 10kV 带电导线垂直距离不得小于 0.7m，邻近或交叉其他电力线路的安全距离不得小于 1.0m，与带电设备安全距离不足时应加设绝缘挡板</td><td></td><td>确认（　）</td></tr>
<tr><td>(4) 摸清需保留的带电设备</td><td></td><td>确认（　）</td></tr>
<tr><td>(5) 确定作业停电范围</td><td></td><td>确认（　）</td></tr>
<tr><td>(6) 确定装设地线位置，是否安装方便，并考虑若有感应电压反映在停电线路上加挂接地线的位置</td><td></td><td>确认（　）</td></tr>
<tr><td>(7) 核查需停电的断路器、隔离开关是否完好，核实设备名称、编号与图纸一致，确认开关外观完好、没有异味，SF_6 断路器压力无异常，开关柜带电的局部放电试验结果无异常（试验日期与操作日期相距超过 3 个月，应重新进行局部放电试验）</td><td></td><td>确认（　）</td></tr>
<tr><td rowspan="4">施工材料、机具及人员</td><td>(1) 甲供材料及乙供材料清单（可后附）</td><td></td><td>确认（　）</td></tr>
<tr><td>(2) 车辆、机具，特种工器具</td><td></td><td>确认（　）</td></tr>
<tr><td>(3) 作业需要的作业人员种类</td><td></td><td>确认（　）</td></tr>
<tr><td>(4) 作业人员及分组</td><td></td><td>确认（　）</td></tr>
<tr><td rowspan="4">周边环境和交通特点</td><td>(1) 勘查占用机动车道、邻近人口密集的地段</td><td></td><td>确认（　）</td></tr>
<tr><td>(2) 确定交通警示牌设置位置</td><td></td><td>确认（　）</td></tr>
<tr><td>(3) 确定作业现场围蔽范围</td><td></td><td>确认（　）</td></tr>
<tr><td>(4) 确定需交通管制地段及时段，提前联系属地派出所或交警</td><td></td><td>确认（　）</td></tr>
</table>

续表

<table>
<tr><td colspan="8">二、确定作业方法及流程</td></tr>
<tr><td>序号</td><td colspan="2">作业内容</td><td>方法描述</td><td colspan="2">人员安排</td><td>车辆及机具安排</td><td>时间安排</td></tr>
<tr><td>1</td><td colspan="2"></td><td></td><td colspan="2"></td><td></td><td></td></tr>
<tr><td>2</td><td colspan="2"></td><td></td><td colspan="2"></td><td></td><td></td></tr>
<tr><td>3</td><td colspan="2"></td><td></td><td colspan="2"></td><td></td><td></td></tr>
<tr><td colspan="8">三、作业风险辨析</td></tr>
<tr><td>序号</td><td colspan="2">风险描述</td><td colspan="5">控制措施</td></tr>
<tr><td>1</td><td colspan="2"></td><td colspan="5"></td></tr>
<tr><td>2</td><td colspan="2"></td><td colspan="5"></td></tr>
<tr><td>3</td><td colspan="2"></td><td colspan="5"></td></tr>
<tr><td colspan="2">风险等级评估</td><td colspan="6">根据配网现场作业风险等级，评估本项作业风险等级为：
一级（ ）二级（ ）三级（ ）四级（ ）五级（ ）可接受（ ）</td></tr>
<tr><td colspan="2">工作负责人签名</td><td colspan="2"></td><td colspan="2">运行单位设备责任人签名</td><td colspan="2"></td></tr>
<tr><td colspan="2">施工单位项目负责人审批</td><td colspan="2"></td><td colspan="2">运行单位（部门）
主管领导审批</td><td colspan="2"></td></tr>
<tr><td colspan="8">填写要求：
1. “勘查记录”：如正常则填写“√”、异常则填写“O”、无须执行则填写“×”；
2. 异常时必须对异常情况进行详细描述；
3. 本表由现场工作负责人现场填写。
4. 10kV 线路单线图、沿布图、其他附件清单请后附</td></tr>
</table>

2.2.3 电网企业支援外单位灾后抢修复电施工任务分配（模板）

电网企业支援外单位灾后抢修复电施工任务分配（模板）见表 2-4。

表 2-4　　电网企业支援外单位灾后抢修复电施工任务分配

设备类别	抢险救灾施工项目	抢修负责单位	抢修负责人
输电线路	铁塔抢修施工		
	线路本体抢修施工		
	电缆抢修施工		
	在线监测抢修施工		
	基础抢修施工		
变电设备	站内设施抢修施工		
	站外隐患抢修施工		
	设备抢修施工		
配电设备	台架抢修施工		
	线路本体抢修施工		
	配电设施抢修施工		
	隐患抢修施工		
	设备抢修施工		

2.2.4 电网企业支援外单位灾后抢修复电项目签证材料（模板）

电网企业支援外单位灾后抢修复电项目签证材料（模板）见表 2-5。

表 2-5　　　　电网企业支援外单位灾后抢修复电项目签证材料

项目 / 标包		线路 / 配变工程名称	
建设单位（业主项目部）		设计单位	
监理项目部		施工单位	
抢险日期			
工程建设概况	主要工程量: 1. 2. 3. 4. 零星抢修部分: 1. 现场零星抢险工日: 2. 现场零星抢险材料: 3. 现场零星抢险车辆台班: 4. 现场零星抢险工器具台班:		
建设单位（业主项目部和运行部门意见及签章）	设计单位（意见及签章）	监理项目部（意见及签章）	承包单位（意见及签章）

本表（含附件）一式 ________ 份，由验收单位填写，建设单位（业主项目部）、监理项目各 ________ 份，承包单位存 ________ 份。

2.2.5 电网企业支援外单位灾后抢修复电施工方案（模板）

电网企业支援外单位灾后抢修复电施工方案（模板）见图 2-3。

一、概况

（一）作业（抢修）相关单位

说明作业（抢修）项目、作业责任单位、运行维护单位。

（二）作业（抢修）范围及主要工程量

说明作业（抢修）项目、作业规模，列出抢修内容及作业量。

（三）作业（抢修）期限

说明计划开工日期、计划完工日期。

（四）编制依据

（五）主要风险概述

图 2-3　电网企业支援外单位灾后抢修复电施工方案（模板）（一）

二、组织措施

（一）抢修现场组织机构

明确抢修现场组织机构及各级负责人员的姓名。

（二）各级人员职责

说明组织机构中各级人员的职责。

（三）施工机具配置情况

根据抢修项目、抢修的内容、性质、特点列出施工中需准备的各种工器具及数量，并说明用途。

（四）人员配置情况

根据抢修项目、抢修的内容、性质、特点列出抢修中需要的工种及数量。

（五）抢修现场平面布置图（非必要项）

按照抢修组织安排、抢修方案和作业进度要求，对抢修现场的交通道路，临时用水、电、生产和生活设施、设备、材料、机具、车辆的存放和加工现场等进行合理布置，绘制平面布置图，注明隔离闭锁要求。

三、风险评估及安全控制措施

根据作业风险评估标准，分析评估作业过程所带来人身、电网和设备安全风险，并针对存在的风险制定安全控制措施。

四、抢修进度计划

按照抢修方案、抢修日期、作业量及有关因素制定作业进度计划。

五、技术措施

（一）主要工序抢修流程图（非必要项）

（二）关键工序的技术要求及作业方法

（三）影响作业质量的薄弱环节及采取的预控措施

（四）投运送电工作要求

六、事故应急处置

包括：应急准备和响应组织准备（必备），作业现场的应急处理设备和设施管理（必备），对应风险导致的后果特别是人身伤害采取的应急措施。

图 2-3　电网企业支援外单位灾后抢修复电施工方案（模板）（二）

2.3 施工物资

施工物资见图 2-4。

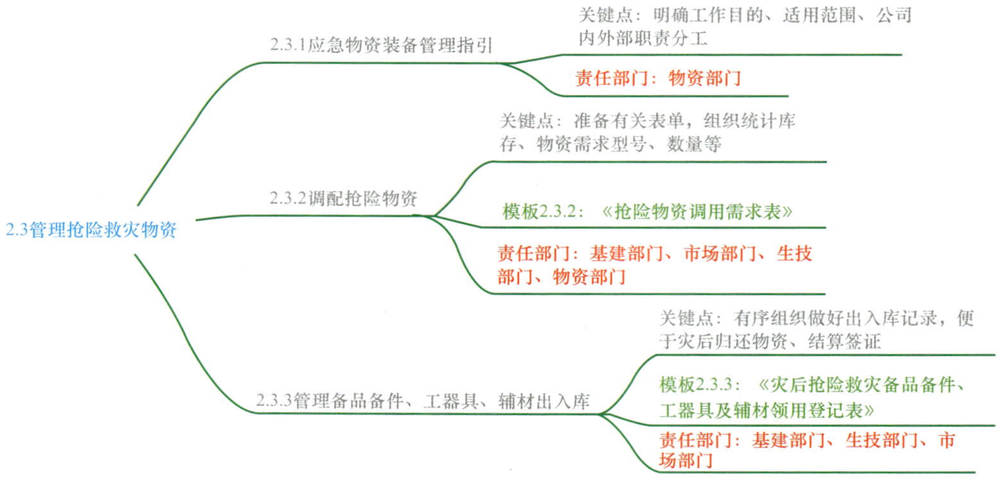

图 2-4 施工物资

2.3.1 电网企业支援外单位灾后抢修复电施工物资管理工作指引

（一）物资部门负责在现场组织做好抢修物资调配工作，密切跟踪施工物资需求并第一时间向受支援单位提出抢修物资需求，实时跟踪物资到位情况，避免出现停工待料现象。

（二）如当地物资无法满足需求，则及时与上级电网公司、受支援单位沟通，提前从本单位或协议储备单位调配对应物资。

2.3.2 灾后抢险救灾备品备件、工器具及辅材调配需求单（模板）

灾后抢险救灾备品备件、工器具及辅材调配需求单（模板）见表 2-6。

表 2-6 灾后抢险救灾备品备件、工器具及辅材调配需求单

序号类别	备品备件	调用需求数量	工器具	调用需求数量	辅材	调用需求数量
1						
2						
3						
4						

2.3.3 灾后抢险救灾备品备件、工器具及辅材领用登记表（模板）

灾后抢险救灾备品备件、工器具及辅材领用登记表（模板）见表 2-7。

表 2-7　　　　灾后抢险救灾备品备件、工器具及辅材领用登记表

序号	单位	时间	物品名称	规格型号	入库		出库			备注
					数量	单位	数量	单位	需求部门	

2.4 安全管理

安全管理见图 2-5。

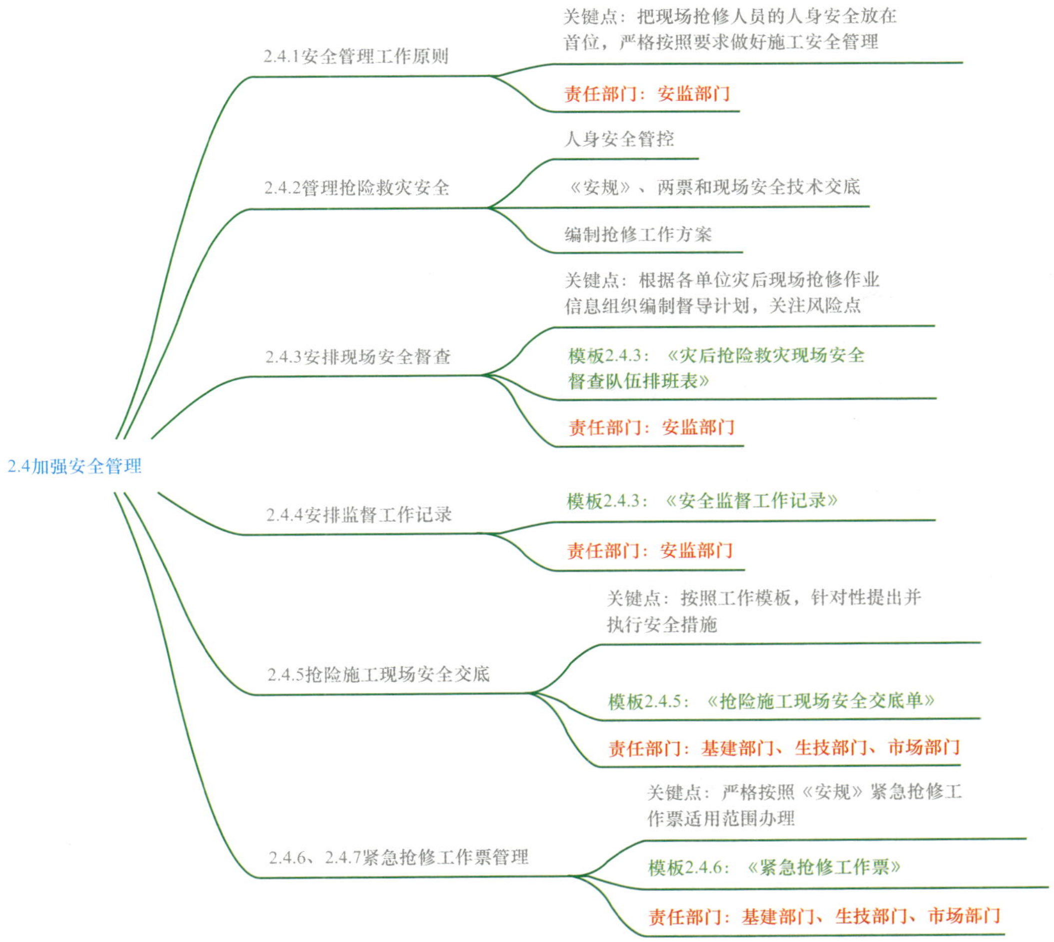

图 2-5　安全管理

2.4.1 电网企业支援外单位灾后抢修复电安全管理工作指引

抢修工作务必落实各项安全技术措施，务必规范地使用安全工器具和个人防护用品，做好绝缘工器具的防潮保管，绝缘安全工器具受潮或淋湿，更换或干燥后才能使用。

各单位要做好防触电、防高处坠物、防范高处坠落、防山洪、防溺水、防塌方、防滑坡风险、防范倒杆风险

（一）防触电风险

（1）防范导线断落地面，通过地面、水或潮湿物体触电的措施：

1）导线掉落在有水浸的地面，在做好安全措施（停电、接地）之前，有水浸的范围内禁止进入；

2）导线断落在地面，在做好安全措施（停电、接地）前，禁止接近、移动、触摸导线；

3）看守好现场，拉好警戒线，防范外人进入危险区域；

4）做好安全措施（停电、接地等）后，才能进入上述区域。

（2）防范淋湿、受潮的绝缘安全工器具接触带电设备造成触电的措施：

1）不使用淋湿、受潮的绝缘安全工器具；

2）戴干燥的绝缘手套，穿干燥的绝缘靴；

3）不站在水里工作；

4）验电、接地要有防雨措施。

（3）如水浸电房，要在其他地方将电房停电、接地，做好安全措施后，才能进入电房；注意看守好现场，拉好警戒线，防止外人进入。

（4）导线断线后，如挂在空中或树枝等物件上，在做好安全措施之前，不得触碰导线，应看守好现场，拉好警戒线，防范外人进入危险区域。

（5）务必做好低压反送电技术措施，断开检修地段所有有来电可能的断路器、隔离开关，并做好封闭地线。

（6）变压器、高压熔断器、断路器等水浸设备送电前要采用绝缘电阻表进行测试，若发现绝缘偏低，则采用耐压试验方法检测，如不合格则更换，水浸设备未经试验合格，不得投入运行。

（7）低压台区要尽可能将用户表前断路器或隔离开关断开，认真检查全部设备良好，特别注意低压线路与弱电线路（有线电视线、通信线）混绕等问题，确保无安全隐患后才能对低压线路送电。送电前要通知村领导，由村领导通知村民，要求用户检查其用电设备后，再由用户自行合上表前断路器或隔离开关，恢复送电。

（二）防范高处坠物（如树木等）风险

（1）进入有高处物体的区域前，先注意观察高处物体是否有坠落的风险；

（2）尽量不在树木旁边停留；

（3）调度大楼、物流仓库工地，特别要注意先清除可能坠落的高处物件。

（三）防范高处坠落风险：

（1）穿防滑齿完好的软底鞋，登高前，擦干净鞋底；

（2）上杆作业前应检查杆塔及拉线情况和登杆工具，如电杆基础是否牢固，拉线是否松脱，脚扣、升降板、安全带、梯子等是否牢固、可靠、完整。

（3）扶好梯子，系好安全带。

（四）防山洪、防溺水、防塌方、防滑坡风险

（1）情况不明的地段，不得盲目通过；

（2）水淹或淤泥地段、地点，不得冒险通过、进入；

（3）封路地段，不得进入；

（4）山边陡坡地段，不要久留。

（五）防范倒杆风险

（1）到现场后，首先检查杆塔和杆塔基础；

（2）出现杆塔基础被冲刷，杆塔倾斜或有损伤、裂纹，断拉线或不牢等情况，不得登杆作业；

（3）禁止采用突然剪线等违章的方法松线。

（六）防起重伤害

（1）风力大于 6 级时，不能登高作业；

（2）风力大于 5 级时，不能临近带电区域吊装作业；风力大于 6 级时不能进行所有吊装作业；

（3）高处作业时应有防物体坠落措施，高处作业下方不能有人逗留。

注：风力不能判断时不能冒险作业，要通过现场测试、气象网站、电话查询等方式了解清楚才能开展工作。

（七）防范交通事故

（1）由于雨大、能见度差、路障多、刹车较差，务必注意观察路面、行人、车辆等状况；

（2）封路、情况不明的地段，不得进入；

（3）水淹地段，不得冒险通过；

（4）控制车速，严禁超速行驶，不开疲劳车。

2.4.2 电网企业支援外单位灾后抢修复电现场施工安全管理要求

（1）现场安全管理和抢修作业中始终坚持把现场抢修人员的人身安全放在首位。在开展巡查、抢修作业前，要充分评估作业所面临的风险并充分做好保障人身安全的技术措施和组织措施，确保作业过程中的人身安全，确保灾中防御和灾后抢修工作忙而不乱、安全有序。

（2）严格执行《安规》、两票和现场安全技术交底制度。所有施工及作业前必须按规定办理工作票，工作负责人、监护人必须保证始终在作业现场并严格履行监护责任，必须坚决杜绝擅自扩大工作范围、超越工作票规定的作业界限等违章操作。作业前工作负责人必须对作业人员进行全面的安全技术交底，使作业人员全面了解、熟悉作业中的危险点及其控制措施。

（3）各抢险队伍应根据抢修任务及现场实际情况编写切实可行的抢修方案。抢修方案要突出对危险点的辨识、分析与控制，强化现场作业的安全技术措施和组织协调工作，落实安全技术措施和应急预案，突出对现场安全关键环节的控制，严禁盲目作业和冒险行为。在抢修过程中，重点落实以下防范措施：①作业前，必须查明设备确已停电并布置安全措施、具备工作条件，必须检查线路杆塔基础、构件、拉线是否稳固，绝缘子、金具、导线有无突然脱落的危险，必要时应采取有效的控制措施。②拆、组杆塔和紧放线作业时，必须预先查明沿线杆塔受力状况，必要时应采取有效措施，严防沿线相邻杆塔失稳倾倒。③高空作业时，必须将安全带系在牢固的挂点上，或使用可靠的防坠落保护装置等其他有效防坠措施，防止人员高空坠落。④移动或搬运器材器件时，必须查明所搬物体的重量和实际运动规律，必要时采取有效控制措施，防止移动和搬运过程中失去控制，击伤、挤伤人员。

（4）对采用自备发电机供电和配网、低压用户的线路施工时，要重点防止低压侧反送电情况，施工作业前必须落实设备的验电和接地保护，严禁擅自接电、送电。对线路跨越施工时，要注意导线断落或弹跳碰触带电线路，做好接地安全措施，防止交叉跨越触电事故。要做好临近带电设备场所抢修作业的风险管控，务必确保作业安全距离足够，防止发生导线摆动、树障以及误触碰等导致的人身触电事故事件。

（5）抢修工作中应注意把握和控制好施工作业节奏，在确保安全的前提下，科学安排工期，合理安排作业人员，要从工作经验、技术水平上做好作业人员的搭配，防止作业人员疲劳作业，加强施工过程中危险点的预控管理，对重要工序落实情况要进行有效的监督管理，防止由于赶工期、赶任务而发生事故事件。同时，要严格安全工器具、个人防护用品的配置和使用管理，杜绝由于不规范配置和使用安全工器具、个人防护用品造成的人身伤害事故事件。

2.4.3 电网企业支援外单位灾后抢修复电现场安全督查队伍排班表（模板）

电网企业支援外单位灾后抢修复电现场安全督查队伍排班表（模板）见表 2-8。

表 2-8　　电网企业支援外单位灾后抢修复电现场安全督查队伍排班表

<table>
<tr><th colspan="8">支援外单位灾后抢修复电作业信息安全督查计划</th></tr>
<tr><th>序号</th><th>抢修作业内容
（填报全部抢修作业信息）</th><th>风险等级</th><th>预计抢修作业时间</th><th>地点</th><th>现场工作负责人及联系电话</th><th>属地单位现场安全督导人员及联系电话</th><th>公司现场安全督导人员</th></tr>
<tr><td></td><td></td><td></td><td></td><td></td><td></td><td></td><td rowspan="4"></td></tr>
<tr><td></td><td></td><td></td><td></td><td></td><td></td><td></td></tr>
<tr><td></td><td></td><td></td><td></td><td></td><td></td><td></td></tr>
<tr><td></td><td></td><td></td><td></td><td></td><td></td><td></td></tr>
</table>

2.4.4 安全监督工作记录（模板）

安全监督工作记录（模板）见表 2-9。

表 2-9　　安全监督工作记录

编号：

<table>
<tr><td colspan="2">监督时间</td><td></td><td>被监督单位</td><td></td><td>监督项目名称</td><td></td><td>监督地点</td><td></td></tr>
<tr><td colspan="2">作业施工内容</td><td colspan="2"></td><td>风险概述</td><td colspan="4"></td></tr>
<tr><td colspan="2">项目（设备）管理单位</td><td></td><td>施工单位</td><td></td><td>作业班组</td><td></td><td>监理单位</td><td></td></tr>
<tr><td colspan="2">安全监督形式</td><td colspan="2">□巡视 □旁站 □驻点</td><td colspan="5"></td></tr>
<tr><td>序号</td><td>检查项目</td><td colspan="4">检查内容</td><td>存在问题</td><td>问题描述</td><td>纠正措施</td></tr>
<tr><td>1</td><td>两票及作业表单规范</td><td colspan="4">选用工作票应正确。工作票的填写符合 Q/CSG 10004—2004《电气工作票技术规范（发电、变电部分）》，安全措施符合现场实际。外单位工作所填工作票附有该项目的施工方案、相应的施工安全作业票、安全技术交底单和签名记录并与现场实际相符。施工方案经有关部门审批。现场工作人员应与工作票所列相符。分组工作应使用分组派工单。防火重点部位或场所以及禁止明火区如需动火工作时，必须执行动火工作票制度。二次回路工作应执行二次措施票，二次措施票应与现场接线一致。应采取防止低压触电措施。施工人员必须持电网建设作业证上岗，工种与作业任务要对应</td><td>□是　□否</td><td></td><td></td></tr>
</table>

续表

1	两票及作业表单规范	电气操作票应经过“三审”，与现场设备及操作任务相符。操作票必须按南网“两票”的技术规范和 × × 公司有关规定填写，票面格式符合要求。使用规定的双重编号和术语，填写整洁，字迹清晰无涂改，编号生成符合要求，安全措施正确、合理。一张操作票中只有一个操作任务，操作项目无漏项、跳项、添项、倒项、并项，操作内容及顺序符合 Q/CSG 10006—2004《电气操作导则》所规定的技术原则。操作人、监护人、值班负责人签名齐全	□是 □否		
		作业表单的选用应正确。作业表单在现场对应作业过程进行记录	□是 □否		
2	“十个规定动作”执行规范	操作前应对照操作票核对设备名称和编号；操作票与操作任务一致并与实际接线相符。操作人员在执行操作过程中，严禁使用移动电话、对讲机等。如确需要使用移动通话设备进行与工作有关的通话时，应首先停止处理相关的工作。操作时应由两人进行，一人操作，一人监护，并认真执行监护复诵制，语言准确清晰。操作时应逐项进行，逐项打“√”；每项操作之后应履行“三检查”（检查操作质量、检查运行方式、检查设备状况）。操作应戴安全帽、绝缘手套、绝缘鞋（变电站穿绝缘靴），操作用绝缘棒拉合隔离开关或经传动机构拉合隔离开关和断路器；雨天操作室外高压设备时，绝缘棒应有防雨罩，还应穿绝缘靴。雷电时，应停止进行倒闸操作。操作票操作项目全部结束后，应及时向发令人汇报操作结果，相关记录应填写完整	□是 □否		
		验电时，必须三相逐一验电，在需验电的设备上逐相验电。验电需使用对应电压等级的验电棒，在验电前需试验是否功能正常	□是 □否		
		凡可能送电至停电线路的分支线必须挂接地线。装设接地线时，先接接地端，后接导体端。必须使用专用的线夹固定在导体上，严禁使用缠绕的方式进行接地或短路。接地线必须接触良好。接地线应使用多股软铜线或编织软铜线截面符合要求。若杆塔无接地引下线时，可采用临时接地线，接地棒在地面下深度不得小于 0.6m	□是 □否		
		正确悬挂标识牌。施工作业需占用机动车道时，必须在来车方向前的机动车道上（高速路：150m，快速路：100m，普通道路 50 ~ 100m）设置交通警示牌，并将工作现场围蔽。夜间不能恢复道路原来状态时，应在警示牌上方悬挂红色警示灯	□是 □否		
		工作负责人、安全监护人佩戴规范的袖章标志，监护工作到位，专责监护人不得从事其他工作。现场安全技术交底必须所有人签名确认	□是 □否		
		进入工作现场必须正确佩戴安全帽，穿纯棉工作服。高处作业应使用双保险安全带。安全带应系在牢固的构件上，并遵循高挂低用的原则。杆塔上转移作业位置时，不得失去安全带保护。上下传递物体应使用绳子	□是 □否		

续表

3	工器具使用管理规范	施工现场必须使用经试验合格的安全工器具、绝缘工器具、施工机具及用电设备。施工前需对工器具进行外观检查及试验周期检查	□是 □否		
		施工临时电源必须按照漏电保护开关，电源外壳要可靠接地。梯子的使用应符合有关规定	□是 □否		
4	立撤杆塔	上杆前，应先检查杆根是否牢固。新立电杆在杆基未完全牢固以前，严禁攀登。遇有冲刷、上拔的电杆，应先培土加固或支好杆架、或打临时拉绳后，再行上杆。杆上有人禁止调整拉线	□是 □否		
		组立杆塔过程中，吊件垂直下方严禁有人。起吊电杆时应设2根或以上调整绳，每根绳应由1～2人拉住控制	□是 □否		
		杆塔组立的加固绳和临时拉线必须使用钢丝绳。临时拉线必须在永久拉线全部安装完毕后方可拆除，拆除时应由现场负责人统一指挥。严禁采用安装一根永久拉线、拆除一根临时拉线的做法。杆塔临时拉线禁止打在可能移动或不固定的物体上，禁止采用树木、石头等作为受力桩。在受力钢丝绳的内角侧严禁有人。钢丝绳与铁件绑扎处应衬垫软物	□是 □否		
5	吊车起吊	起重机使用应遵守下列规定：①起重设备在带电场所工作时起重机应可靠接地，与带电设备距离应符合要求。②起重吊钩具有有效的防脱落保险装置。③起重机械、起重工具不得超过铭牌规定使用。④起吊物应绑牢，并有防止倾倒措施。严禁偏拉斜吊。落钩时，应防止吊物局部着地引起吊绳偏斜，吊物未固定好，严禁松钩。⑤起重工作区域内无关人员不得停留或通过。在伸臂及吊物的下方，严禁任何人员通过或逗留。⑥起吊作业操作人员不得离开操作台、室	□是 □否		
		起吊工作应设专人统一指挥。操作员、司索工应持证上岗。临近线路带电时，应注意起重设备及牵引绳与带电设备保持足够的安全距离。邻近带电部位使用吊车必须对操作人员进行专项交底	□是 □否		
6	放、撤线和紧线	凡进行放、撤线和紧线工作，应设专人统一指挥、统一信号。放线、撤线前应先检查拉线、拉桩及杆根，如不能适用时应加设临时拉线加固，转角杆要有内角拉线。跨越电力线路、公路、铁路施工时必须采取安全保护措施	□是 □否		
		绞磨和卷扬机使用应符合有关规定。临时桩锚应选用双联或三联桩锚，连接必须牢固可靠。钢丝绳与桩锚连接应可靠不回松，各锚固点必须牢固可靠，桩锚必须设专人看管	□是 □否		

续表

6	放、撤线和紧线	重要设施的跨越架及高度超过 15m 的跨越架应由施工技术部门提出搭设方案，经审批后严格实施。跨越架与公路、通信线的最小安全距离应符合有关的安全规定；跨越架架面与被跨电力线路导线（要考虑最大风偏情况）的距离不得小于最小安全距离的要求。跨越架应经使用单位验收合格后方可投入使用，并按规定悬挂醒目的“验收合格”等警告标志，如电力跨越架应增挂“高压危险、禁止攀登”、公路跨越架应增设限高标志、来车限速标志及两侧架体反光标志。拆除跨越架应自上而下逐根进行，严禁上下同时拆架或将跨越架整体推到	□是 □否		
7	电缆敷设	敷设电缆时，应有专人统一指挥。电缆走动时，严禁用手搬动滑轮，以防压伤。进电缆井前，应排除井内浊气。在电缆井内工作应戴安全帽，并做好防火、防水及防止高空落物等措施，电缆井口应有专人看守	□是 □否		
		锯电缆前必须与图纸核对相符，并确切证实电缆无电后，用接地的带木柄的铁钎钉入电缆芯后，方可工作。扶木柄的人应戴绝缘手套并站在绝缘垫上	□是 □否		
8	带电作业	带电作业应在良好天气下进行。如遇雷电、学、雹、雨、雾等，不应进行带电作业。风力大于 5 级，或湿度大于 80% 时，不宜进行带电作业	□是 □否		
		带电作业应设专责监护人。复杂作业时，应增设监护人。绝缘措施应遵循从近到远、从易到难的原则。安装绝缘措施重叠位置不小于 15mm，导线晃动不宜过大。工作时绝缘斗臂车的绝缘有效长度应保持 1m 以上	□是 □否		
9	低压作业	（1）生产和检修施工现场用电设备按三级配电的原则（一机、一箱、一闸、一漏）漏电保护器动作电流及时间满足要求；（2）配电箱应加锁并设警告标志，设专人管理；（3）接线牢固无发热过载等现象，必须使用合格的熔丝	□是 □否		
		用电设备的所有供电线路敷设应符合规范要求，沿着墙（或穿过墙）、地面、天花布置的软性电线、电缆应有防护套管且线路中间不得有接头。严禁用导线直接插入插座取得电源，插座与插头应配套、完好无损。线路施工时必须采取有效的防导线磨刮措施，防止因与其交叉跨越的带电线路、通信线路等作锯式磨刮后引起触电事故	□是 □否		
		低压带电接火应戴低压绝缘手套并设专人监护。使用钻床、手电钻、冲击钻时不准戴手套操作。严禁相线及零线接反，不同台区零线不能连通。负荷接入应分散到三相。必须做好低压防反攻措施	□是 □否		
10	基础施工	不得站在挡土板支撑上传递土方或在支撑上搁置传土工具。支、拆模板时模板上禁止站人；拆除模板应自上而下进行。施工过程中应考虑周边环境可能造成的危害，在可能滑坡的山体位置建护坡、挡土墙。邻近带电设备工作时，工作许可人应在工作点四周设置可靠、明显的隔离措施和安全标示牌	□是 □否		

续表

11	配电变压器及开关安装、试验	在调整、检修开关设备及传动装置时，必须有防止开关意外脱扣伤人的可靠措施，工作人员必须避开开关可动部分的动作空间	□是　□否		
		高压试验时设置安全围栏并派专人监护。进入 SF_6 开关室内必须通风且佩戴防毒面具。在起吊过程中，受力钢丝绳的周围、上下方、内角侧，以及吊物和吊臂的下面，不应有人逗留和通过	□是　□否		
		开关及配电变压器安装前必须试验合格且出具试验报告。开关需设置定值并动作正确。配电变压器熔丝或低压脱扣器定值需正确匹配设置	□是　□否		
12	急修作业	在平行线路或同杆架设多回路线中部分线路停电的工作，登杆前须认真核对线路名称、杆塔编号、标识、色标，工作人员应佩戴线路色标方可登杆塔工作。攀登杆塔和在杆塔上作业时，每基杆塔都应设专人进行全过程监护	□是　□否		
		恶劣天气不能外出巡视及抢修。作业过程出现恶劣天气应立即停工并就近躲避	□是　□否		
		巡视发现导线断线后，必须专人看护，不得靠近故障点 8m 内	□是　□否		
13	其他	送电操作前必须验收合格且经运维人员检查核实所有接地线已拆除	□是　□否		
			□是　□否		
			□是　□否		
			□是　□否		
问题确认	安全监督人员 所在单位：　　职务：　　签名：　　施工负责人（签名）： 有　□无　　年　　月　　日				

说明：1. 根据监督情况选择在□内打“√”；没有的项目留空白。

2. 如存在问题，由监督人员填写问题描述与纠正措施。

3. 现场安全监督后，监督人、施工负责人分别签名确认。

2.4.5 抢险施工现场安全交底单（模板）

抢险施工现场安全交底单（模板）见表 2-10。

表 2-10　　抢险施工现场安全交底单

<table>
<tr><td colspan="3">工程项目名称：</td></tr>
<tr><td colspan="3">工作任务：</td></tr>
<tr><td colspan="3">工作地段：</td></tr>
<tr><td colspan="3">安全技术交底单位（运行单位）：</td></tr>
<tr><td colspan="3">接受安全技术交底单位（承包商或作业施工单位）：</td></tr>
<tr><td colspan="2">交底日期：　　年　　月　　日</td><td>交底地点：</td></tr>
<tr><td rowspan="6">施工应采取的安全措施</td><td colspan="2">应拉断路器（开关）和隔离开关（刀闸）（注明编号）：</td></tr>
<tr><td colspan="2">应合接地开关（注明编号）、装接地线（注明确实地点）：</td></tr>
<tr><td colspan="2">应设遮栏、应挂标示牌（注明位置）：</td></tr>
<tr><td colspan="2">保留的带电线路或带电设备（注明确实地点）：</td></tr>
<tr><td colspan="2">线路重合闸或再启动功能投退要求：</td></tr>
<tr><td colspan="2">施工单位在工作现场自行装设的接地线（注明确实地点）：</td></tr>
<tr><td rowspan="5">注意事项</td><td colspan="2">对施工人员的要求：</td></tr>
<tr><td colspan="2">对施工机具的要求：</td></tr>
<tr><td colspan="2">对现场施工环境保护的要求：</td></tr>
<tr><td colspan="2">其他应采取的安全措施及注意事项：</td></tr>
<tr><td colspan="2">施工过程中与运行人员联系的有关事项：</td></tr>
<tr><td colspan="2">运行单位代表签名：</td><td>承包商或作业施工单位代表签名：</td></tr>
</table>

2.4.6 电网企业支援外单位灾后抢修复电工作票取用原则

（1）以下工作需选用紧急抢修工作票：

1）紧急缺陷和需要紧急处置的故障停运设备设施的抢修工作。

2）灾后抢修工作。

（2）紧急抢修应使用紧急抢修工作票，紧急抢修作业从许可时间起超过 12h 后应根据情况改用非紧急抢修工作票。抢修前预计 12h 内无法完成的，应直接使用相关工作票。

（3）进行高压设备紧急抢修工作时，需填用紧急抢修工作票；进行低压设备紧急抢修工作时，外单位需填用紧急抢修工作票，本单位需填用书面形式布置和记录。

（4）《安规》第 3.28 条 定义了“紧急抢修工作”的定义，强调了紧急抢修是“立即”进行的，如因其他原因导致多天后进行检修作业，不可再使用紧急抢修工作票。

（5）根据《安规》第 3.28 条、第 6.3.3.9 条，对于电网企业资产的低压用户表计发生故障需立即进行抢修的，外单位应办理紧急抢修工作票，本单位使用书面形式布置和记录。

2.4.7 电网企业支援外单位灾后抢修复电工作票（模板）

电网企业支援外单位灾后抢修复电工作票（模板）见表 2-11。

表 2-11　　电网企业支援外单位灾后抢修复电工作票

__________ 紧急抢修工作票

编号：

<table>
<tr><td rowspan="3">启动抢修</td><td>抢修工作负责人（监护人）：__________ 单位和班组：__________
负责人及工作班人员总人数共 ______ 人</td></tr>
<tr><td>抢修任务（抢修地点和抢修内容）：</td></tr>
<tr><td>安全措施及注意事项：</td></tr>
<tr><td>布置抢修</td><td>本项工作及主要安全事项根据抢修任务布置人 __________ 安排填写</td></tr>
<tr><td>抢修许可</td><td>经核实确认或需补充调整的安全措施：

工作许可人签名：__________ 工作负责人签名：__________
时间：______ 年 ___ 月 ___ 日 ___ 时 ___ 分</td></tr>
<tr><td>抢修结束或转移工作票</td><td>抢修结束或转移工作票时间：______ 年 ___ 月 ___ 日 ___ 时 ___ 分

现场设备状况及保留安全措施：

工作负责人签名：__________ 工作许可人签名：__________

时间：______ 年 ___ 月 ___ 日 ___ 时 ___ 分</td></tr>
<tr><td colspan="2">备注：
灾后抢修专责监护人：</td></tr>
</table>

2.5 施工进度

施工进度见图 2-6。

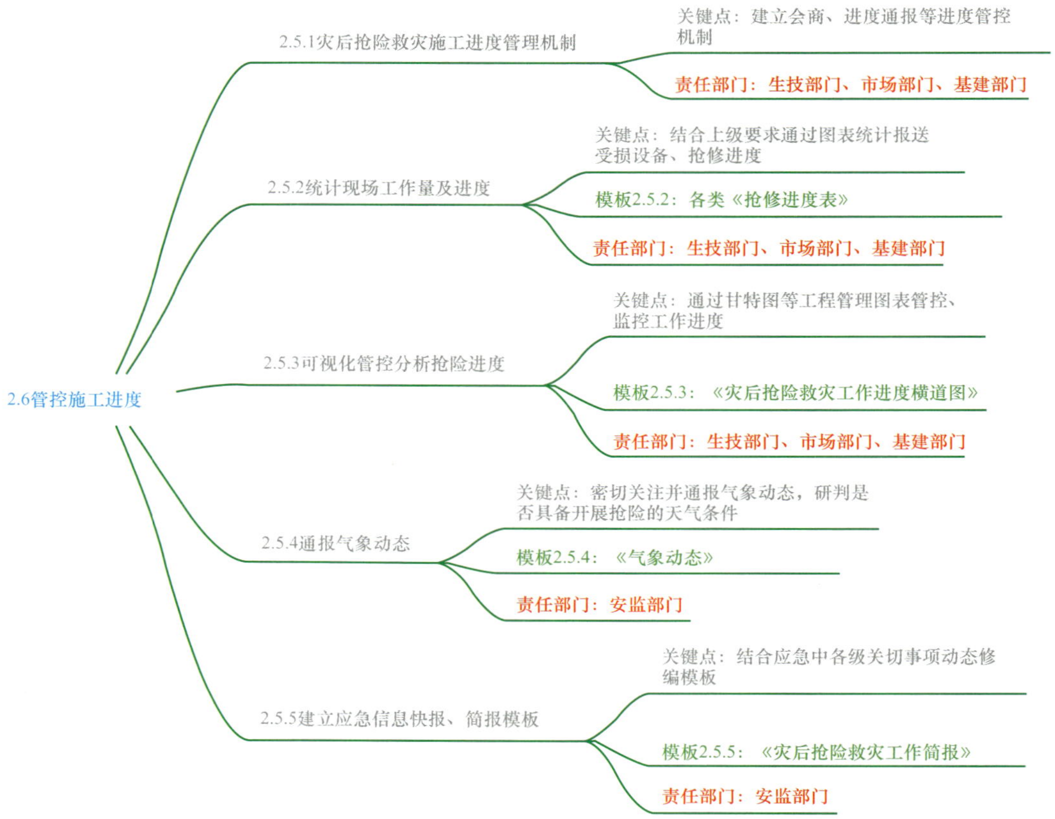

图 2-6　施工进度

2.5.1 电网企业支援外单位灾后抢修复电施工进度管理工作指引

各单位应加强灾后应急抢修期间的施工进度信息管理，确保信息沟通畅顺，安全工作落实到位，能及时防范不安全状况。

（1）定期通过会议、通知、微信、电话和传真等方式及时对以下重要安全和进度信息进行传达和宣贯，确保参与抢修的人员及时掌握最新信息。

（2）及时发布安全工作通知、会议精神、领导指示、安全督查发现的违章现象、异常情况等；及时通报新增风险或风险评估结果变化情况。

（3）通过每天的工作例会通报施工进度情况，协调解决导致施工进度滞后的各项问题。

2.5.2 电网企业支援外单位灾后抢修复电现场工作量完成情况进度表（模板）

电网企业支援外单位灾后抢修复电现场工作量完成情况进度表（模板）见表 2-12 ~表 2-14。

表 2-12　　××局 10kV 抢修进度统计表

单位	任务范围	断倒杆（条）	××.××进度	××.××*进度	××.××进度	斜歪杆（条）	××.××进度	××.××进度	××.××进度	变台拆装（套）	××.××进度	××.××进度	××.××进度	变台校正（套）	××.××进度	××.××进度	××.××进度	导线架设（单线，千米）	××.××进度	××.××进度	××.××进度	备注
累计																						

表 2-13　　××局 380V 抢修进度统计表

单位	已完成台区明细	本日完成台区	未修复台区名称	××.××进度	××.××进度	××.××进度	完成台区数合计	待完成台区数合计	合计
合计									

表 2-14　　××局 380V 抢修工程量统计表

单位	线路名称	台区名称	断倒杆（条）	××.××进度	××.××进度	××.××进度	斜歪杆（条）	××.××进度	××.××进度	××.××进度	线路架设（单线）	××.××进度	××.××进度	××.××进度	实际修复时间
合计															

2.5.3 电网企业支援外单位灾后抢修复电工作进度横道图

电网企业支援外单位灾后抢修复电工作进度横道图见表 2-15 和表 2-16。

表 2-15 主网设备设施抢修工作进展

单位	电压等级	设备设施名称	进度情况（横道图）	计划时间	完成时间

表 2-16 配网设备设施抢修工作进展

单位	未恢复送电线路条数	进度情况（横道图）	中压计划恢复时间	完成时间

2.5.4 气象动态（范本）

一、高温、多云天气

温馨提醒：各位赴 ×× 支援抢险的领导和同事，今天是抢险工期的第 ×× 天，你们辛苦了！据气象预报，今天 ×× 地区天气炎热，紫外线辐射强，最高气温 ××℃，请大家注意补充水分，做好防暑降温工作，在救灾抢险作业中，确保人身和交通安全，科学安排工期和作业人员，防止疲劳作业。——赴 ×× 支援抢险指挥部。

二、暴雨天气

温馨提醒：各位赴 ×× 支援抢险的领导和同事，今天是抢险工期的第 ×× 天，你们辛苦了！据气象预报，今天 ×× 地区会出现短时暴雨天气，最高气温 ××℃，请大家做好降雨防御工作，备好必要的个人防护用品，防范山体滑坡、路面坍塌等灾害，在救灾抢险作业中，确保人身和交通安全，科学安排工期和作业人员，防止疲劳作业。——赴 ×× 支援抢险指挥部。

三、雷雨天气

温馨提醒：各位赴 ×× 支援抢险的领导和同事，今天是抢险工期的第 ×× 天，你们辛苦了！据气象预报，今天 ×× 局部地区会出现短时雷雨天气，最高气温 ××℃，请大家做好降雨防御工作，备好必要的个人防护用品，户外作业要做好防雷工作，必要时待雷雨过后再实施户外作业。在救灾抢险作业中，确保人身和交通安全，科学安排工期和作业人员，防止疲劳作业。——赴 ×× 支援抢险指挥部。

2.5.5 电网企业支援外单位灾后抢修复电工作简报（模板）

电网企业支援外单位灾后抢修复电工作简报（模板）见图 2-7。

××公司

支援×××抢险救灾

简　报

第××期

支援××抢险总指挥部办公室编　　　　××××年××月××日

××月××日上午，上级电网公司发出《关于调用应急队伍支援×××灾后抢修复电工作的函》工作安排，要求我公司派出 10kV 及低压线路、配变施工队伍赴×××支援抢修复电工作。一方有难，八方支援。接到通知后，公司认真落实网公司工作部署和要求，在确保××电网安全稳定运行的基础上，立即组织部署支援灾区抢修复电的工作。

一、工作动态

×××

二、支援工作开展情况

（一）抢修进度

目前抢修任务共包括××条线路和××个台区，目前已完成××条线路和台区××个，具体完成进度如下：

图 2-7　灾后抢修复电工作简报（模板）（一）

序号	抢修小组	所属线路	台区名称	进度情况	计划时间	完成时间
一	线路组					
1						
2						
二	台区组					
1						
2						

（二）物资情况

××。

（上述工作数据统计时间截至××日××:××）

三、相关图片信息

×××。

四、近期抢修现场天气预报

×××。

本期报：公司领导；

副总经济师、总经理助理、副总工程师；

公司××部门。

本期抄：××电网公司应急办

图 2-7　灾后抢修复电工作简报（模板）（二）

2.5.6 后方支援每天工作任务安排（模板）

后方支援每天工作任务安排（模板）见图 2-8。

每天工作任务安排

一、短信发送

（一）时间节点：每天 8:30 前

（二）使用软件发送或用网址发送

1. 用软件发送：使用“××抢险”群组

2. 用网址发送

网址：

账号：

密码：

（如 IE 无法登陆，请使用 Google Chrome 浏览器登陆）

二、应急资源统计

（一）应急队伍

1. 统计公司内部赴××支援抢险人员信息表

2. 统计××公司应急队伍清单，能赴现场抢修的人员、设计、监理、管理和后勤人员数量。

3. 梳理赴××支援抢险指挥部通讯录

责任人：×××

工作要求：滚动更新并确保联系方式准确无误

（二）应急物资

1. 按要求协调调配应急发电车、发电机

2. 统计××现场主要应急物资、装备（包括车辆、应急发电车、发电机、水泵、抽水机、吊车等）

3. 收集并确认××公司调配的其他工器具和辅材名称和数据。

责任人：×××

图 2-8 后方支援每天工作任务安排（模板）（一）

工作要求：统计表格与现场数量基本一致

三、抢险现场进度收集

1. 每天更新各抢修小组勘查的受灾统计数据

2. 每天更新各抢修小组完成的工作量，包括台区、架空线、杆塔等数据。

责任人：×××

工作要求：及时关注微信群最新数据

四、抢险救灾简报信息汇总

滚动汇总现场工作动态，根据收集到的现有信息更新当天简报，报送现场指挥部，由指挥部更新后呈总指挥审核，提交总值班室发送。

责任人：×××

工作要求：及时关注微信群最新数据

五、按上级电网公司要求协调并报送相关信息

责任人：×××

工作要求：及时报送

六、按照抢险指挥部要求协调相关工作

责任人：×××

工作要求：按时间节点完成

七、协助宣传部门做好新闻素材收集工作

责任人：×××

工作要求：与宣传部门×××对接，及时联系×××现场联络人×××，每天在部门内共享抢修图片。

八、其他相关工作

根据需要其他人员配合做好相关工作。

图 2-8　后方支援每天工作任务安排（模板）（二）

2.6 应急处置管理

应急处置管理见图 2-9。

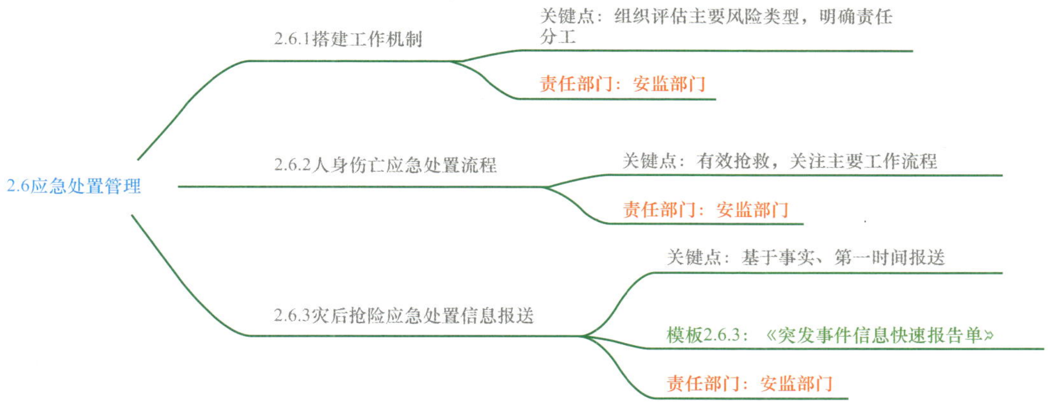

图 2-9　应急处置管理

2.6.1 电网支援外单位灾后抢修复电应急处置原则

灾后抢修复电现场如安全措施落实不到位，容易引发人身事故事件，要按照对应专项应急预案相关内容开展处置。灾后抢修复电现场发生人身事故事件后，应立即停止事故事件现场抢修工作，立即报告受灾单位相关人员，由属地人员协助开展处置。现场人员及事故单位应当采取有效的应急处置措施，控制事故范围，迅速抢救伤员，科学、合理调配应急物资和队伍等应急资源，积极防止事故蔓延扩大，特别是防止发生人员伤亡扩大和电力系统崩溃、电网瓦解等。

电网企业总值班室或人身事故（事件）、设备事故事件应急办公室在接到报警后，应立即向人身事故（事件）应急指挥部和公司应急指挥中心报告，同时责成事发部门（单位）开展先期应急处置工作，防止事件扩大。

2.6.2 电网企业支援外单位灾后抢修复电人身伤亡事故应急处置流程

（1）事故现场有关人员尽一切力量组织现场抢救受伤人员，脱离起因物、致害物，减少人员伤亡；采取措施制止事故扩大。

（2）事故发生后，事故部门（单位）或者现场人员应当积极采取自救措施；最大限度利用社会公共资源，迅速拨打当地 120 急救或 110 报警电话，确保伤员得到及时医治，防止事故的扩大。

（3）现场人员在医疗救护人员没有到达现场之前，不能停止人工心肺复苏等有效的抢救手段。注意现场不能根据观察伤员的呼吸或脉搏心跳，有无休克现象擅自判定伤员死亡而中断或放弃抢救。

（4）在抢救行动中，首先要考虑是否有新的危险源，参与抢救人员应同时严格执行安全规程，做好自我防护措施。

（5）事故发生单位、项目建设单位、监理单位、设备所属单位等有关负责人应迅速组织人员赴现场调查，并积极组织或协助全力做好事故的救援工作。

（6）认真保护事故现场，凡与事故有关的物体痕迹、状态不得破坏，为抢救受伤害者需要移动现场某些物体时，必须做好现场标志。应仔细对现场进行标志记录或拍照、录像并清楚保持记录的准确性。

（7）根据事故伤害人员的情况，在就近医院抢救和紧急治疗后，如确需要转院救护可向有关专科强的医院求助。

2.6.3 电网企业支援外单位灾后抢修复电应急处置信息报送表（模板）

电网企业支援外单位灾后抢修复电应急处置信息报送表（模板）见表 2-17。

表 2-17　　灾后抢修复电应急处置信息报送表（模板）

突发事件信息快速报告单

填报单位（公章）：　　　　填报时间：　　年　　月　　日　　时　　分

事发单位		直接上级单位	
事件简题			
发生时间			
事件简况			
事件原因			
事件后果			
部门负责人		填报人	

3 | 闭环及其他

3.1 保险购买

保险购买见图 3-1。

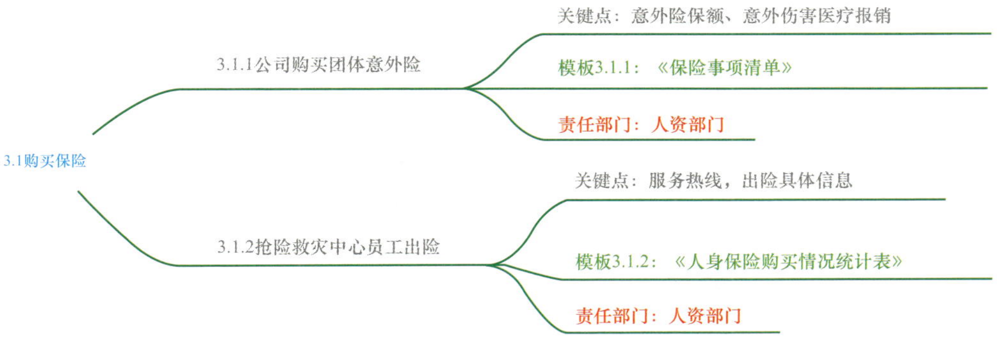

图 3-1　保险购买

3.1.1 电网企业支援外单位灾后抢修复电保险购买指引

电网企业应每年为员工购买团体意外险，具体如参照表 3-1 所示，同时在抢险救灾支援前督促各施工单位为抢险人员购买人身意外保险。抢险救灾中员工出险后，及时拨打保险服务热线，并告知出险人身份证和具体的出险时间、地点、原因；具体咨询也可直接电话日常保险联系人：××（联系方式 ××）。

表 3-1　　　　　　　　为员工购买团体意外险

保险事项	赔付金额	备注
身故	100 万元	意外伤害发生之日起 180 日内
伤残	100 万元	伤残程度第一级对应的给付比例为 100%，第十级对应的比例为 10%
住院津贴	400 元 / 天	无免赔，最多赔付 180 日
猝死	100 万元	出现症状后 48 小时内发生的非暴力性突然死亡
意外伤害医疗	2 万元	在扣除相关已经补偿或给付部分以及合同约定的免赔额后，对其余额按保险合同约定的标准给付意外医疗保险金

3.1.2 电网企业支援外单位灾后抢修复电施工人员人身保险购买情况统计表（模板）

电网企业支援外单位灾后抢修复电施工人员人身保险购买情况统计表（模板）见表 3-2。

表 3-2　电网企业支援外单位灾后抢修复电施工人员人身保险购买情况统计表

序号	工号	姓名	性别	年龄	身份证	部门	人身保险类型	人身保险承保公司	承保金额	承保期限

3.2 现场慰问

现场慰问见图 3-2。

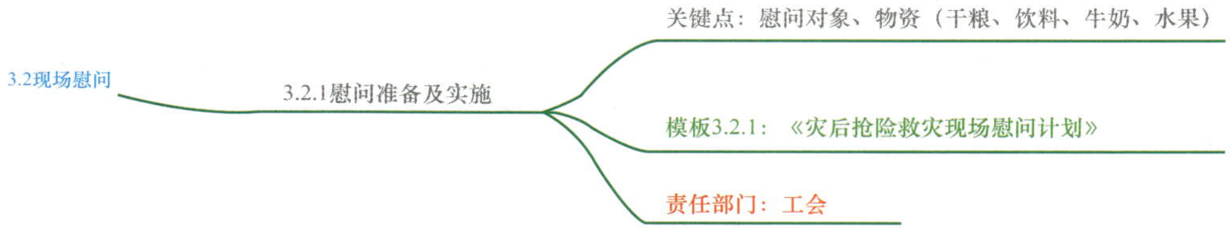

图 3-2 现场慰问

3.2.1 电网企业支援外单位灾后抢修复电现场慰问计划

3.2.1.1 灾后抢险救灾慰问工作由公司工会统筹负责。慰问工作由电网企业工会和直属各单位工会牵头开展。

3.2.1.2 慰问前确定慰问对象人数、时间、地点，根据需要购买准备慰问物资，一般以干粮、饮料、牛奶、水果为主。

3.2.1.3 确定带队慰问人员，根据情况由电网企业领导带队或电网企业工会领导带队到抢险救灾现场进行慰问。

3.2.1.4 慰问人员到现场开展慰问，交付慰问品，慰问抢险支援队伍，听取抢险人员的意见建议，协助抢险人员解决工作、生活中遇到的困难。

3.3 验收结算

验收结算见图 3-3。

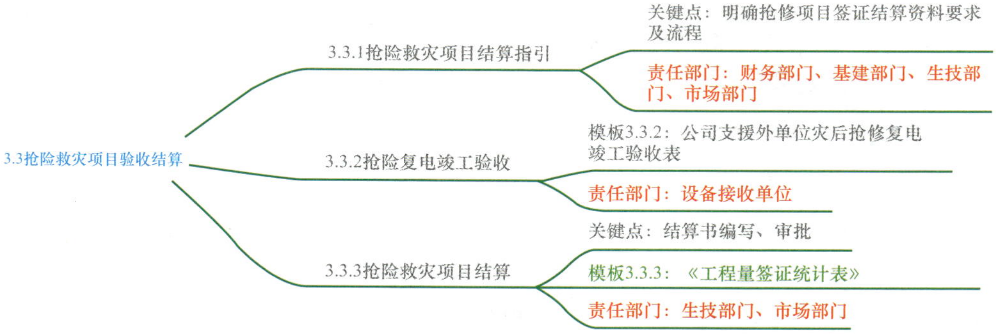

图 3-3 验收结算

3.3.1 电网企业支援外单位灾后抢修复电验收结算工作指引

抢修项目签证结算资料一般包括：工程量现场签证表、竣工验收表、工程结算书及其他属地电网企业要求提交的资料等，相关资料要求如下：

一、工程量现场签证表

工程量现场签证由各抢修队伍施工单位办理，一般工程量采用现场签证形式，交监理单位及建设单位（属地电网企业）签名并加盖公章确认。工程量签证一般包括分项工程名称，数量等工程量统计，同时应包括乙供材料及器械使用情况等，签证工作应详尽、如实，并将工作前后照片存档留底。工程量现场签证工作应与抢修支援工作同步完成。

二、竣工验收表

竣工验收表由各抢修队伍施工单位办理，在抢修过程中至少应由项目建设单位（属地电网企业）签名加盖公章确认。竣工验收表格填写工作应与抢修支援工作同步完成。

三、工程结算书

工程结算书由各抢修队伍施工单位编制，结算书的编制应遵循建设单位提供的预算定额，并按时间要求提交，及时完成结算审核工作。

四、其他资料

因项目结算一般按生产应急项目开支，由各属地电网企业生技部门经办，支援电网企业应及时与属地电网企业联系，明确其他资料要求，各抢修队伍下属施工单位应给予配合，按要求提交相关资料。

3.3.2 公司支援外单位灾后抢修复电竣工验收表（模板）

公司支援外单位灾后抢修复电竣工验收表（模板）见表 3-3。

表 3-3　　灾后抢修工程竣工报告

<table>
<tr><td>工程名称</td><td colspan="3"></td></tr>
<tr><td>建设单位</td><td colspan="3"></td></tr>
<tr><td>监理单位</td><td colspan="3"></td></tr>
<tr><td>施工单位</td><td></td><td>竣工时间</td><td></td></tr>
<tr><td>开工时间</td><td></td><td></td><td></td></tr>
<tr><td>工程主要内容</td><td colspan="3">范例：
1. 10kV XX 线：1 ~ 37 号杆架空线路装金具，放紧 2 ~ 30 号杆间 70 平方导线 5.4km，4 号、6 号、7 号 、断杆新立 3 基，10 ~ 15 号扶正电杆 6 基。
2. 10kV XX 线：扶正 1 ~ 13 号电杆 13 基，修复 XX 配电变压器 1 台；1 ~ 37 号杆：修复杆塔金具 79 套，安装绝缘子 18 套，安装拉线 10 套，安装瓷横担 152 条，清理树障 5 棵。</td></tr>
<tr><td>验收意见</td><td colspan="3">完成本工程全部抢修内容，达到施工验收规范要求，具备验收条件。

验收人签名：　　　　日期：</td></tr>
<tr><td colspan="2">施工单位
盖章：

签名：　　　　日期：</td><td colspan="2">监理单位（如无监理单位可不填）
盖章：

签名：　　　　日期：</td></tr>
<tr><td>建设单位意见</td><td colspan="3">验收结论：验收合格，具备竣工条件。
盖章：

签名：　　　　日期：</td></tr>
</table>

3.3.3 工程量签证统计表（模板）

工程量签证统计表（模板）见表 3-4。

表 3-4　　灾后抢修工程量签证表

工程名称	
建设单位	
施工单位	
签证内容	要求：签证内容需注明详细工作内容和明细（包含工作地点和设备名称） 范例： 1. 本工程新建 BVV-185 导线（单线）共 1006m，BVV-95 导线（单线）共 563m，BVV-70 导线（单线）共 684m，BVV-50 导线（单线）共 523m，BVV-25 导线（单线）共 4567m，墙上四位街码（加强型）121 个，墙上二位街码（加强型）322 个，重复接地 2 组。 2. 拆除原有拆除原有 BVV-150 导线（单线）共 760m，BVV-50 导线（单线）共 800m，BVV-35 导线（单线）共 480m，BVV-16 导线（单线）共 3140m。 施工单位（章）： 负责人： 日期：
监理单位意见	监理单位意见（如果无监理单位可不填）： 监理单位（章） 负责人： 日期：
建设单位	建设单位意见： 监理单位（章） 负责人： 日期：

3.4 新闻宣传

新闻宣传见图 3-4。

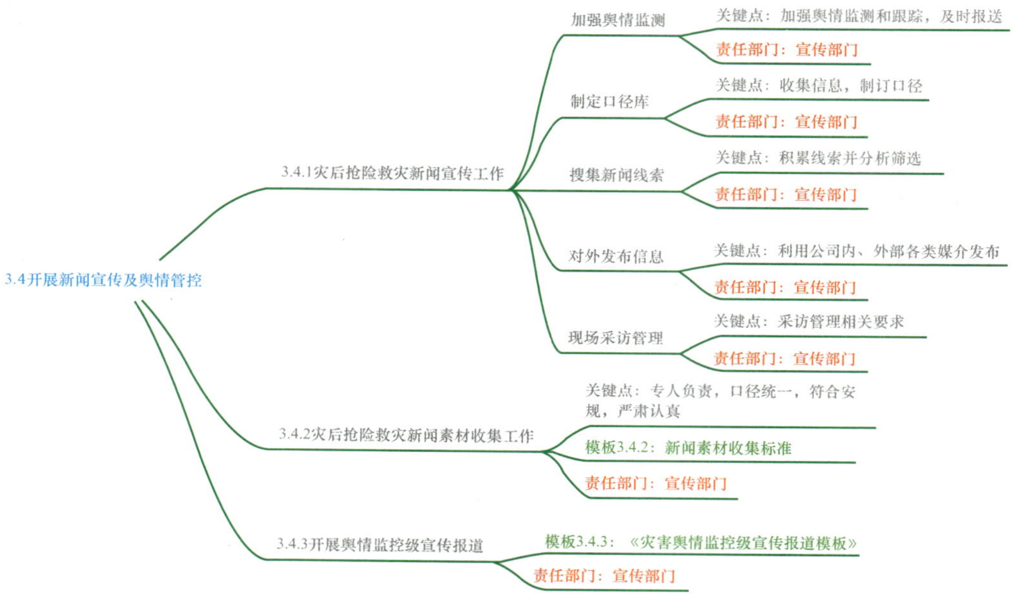

图 3-4　新闻宣传

3.4.1 电网企业支援外单位灾后抢修复电新闻宣传工作指引

（1）积极了解电网企业工作开展情况，做好前方抢修、后勤保障等工作的图片和文字资料收集、整理，并及时发回宣传部门相关人员，同时及时将新闻资料报后方事务联系人。

（2）与当地宣传部门保持密切联系，了解其新闻工作要求，积极争取媒体采访等新闻资源。

（3）在进行现场采访时务必严格遵守现场安全管理规定，注意自身安全。

（4）与现场抢修人员做好新闻工作要求交底：现场抢修人员接受媒体采访时，应核查记者身份，表明自己为支援抢修人员；同时遵守“详说事实，慎谈原因”的基本原则，在自己工作职责范围内回答相关问题，树立良好的企业形象。

（5）新闻采访参考用语。

1）您好！我是 ×× 电网公司支援抢修人员 ××，现在我为您介绍一下这里的情况。

2）您好！我主要负责的工作是 ××。

3）目前，我公司已派出支援抢修人员共 × 名、抢修车辆 × 辆，主要负责 ×× 区域的抢修工作。从 ×× 日起，我们已经完成了 ×× 工作。

4）×× 月 ×× 日晚上 / 下午，在接到 ×× 电网公司支援指令后，我公司立即行动，于

×× 日早上组织了 ×× 名抢修人员、× 抢修车辆前往 ××，×× 日中午再此组织 ×× 名抢修人员、× 抢修车辆前往 ×××。

5）我公司支援抢修队伍接受了 ×× 抢修复电任务。

6）我公司支援抢修队伍到达后，再次发扬“招之能来、来之能战”的铁军精神，争分夺秒投入抢修，目前已经完成 ×××。

7）对不起，这个问题我未完全掌握信息（我还不太了解），您可以留下您的联系方式，我们迟点给您一个正式的答复。

3.4.2 电网企业支援外单位灾后抢修复电新闻素材收集标准

3.4.2.1 各部门（单位）指定专人负责做好突发事件现场的媒体接待、摄影摄像工作，收集现场新闻素材。

3.4.2.2 各部门（单位）报送的素材、数据口径要统一，避免引发公众误解或对公司形象造成损害。

3.4.2.3 拍摄者在确保自身安全的前提下，方可对作业现场人员进行拍摄；拍摄对象要符合安全规定，不得发布存在明显违规现象的照片、视频。

3.4.2.4 新闻素材应能体现抢险救灾人员认真、严肃的态度，不得出现嬉笑、休闲的画面。

3.4.3 电网企业支援外单位灾后抢修复电舆情监控及宣传报道情况（模板）

截止 ____ 日 ____ 时 ____ 分，____________________（媒体名称）等 ____ 家媒体报道公司支援外单位抢险救灾新闻 ____ 篇，转载 ____ 篇，突出报道 ________________ 等内容。发布微博 ____ 条，微信 ______ 条，累计阅读量 ______ 次。监测到负面舆情 ______ 条，主要为 ____________________ 内容。

3.5 总结分析

总结分析见图 3-5。

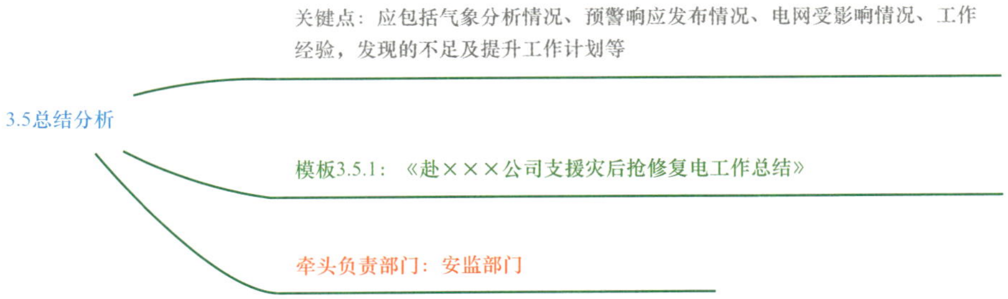

图 3-5　总结分析

3.5.1 电网企业支援外单位灾后抢修复电工作总结（模板）

电网企业支援外单位灾后抢修复电工作总结（模板）见图3-6。

赴×××公司支援灾后抢修复电工作总结（模板）

一、总述本专业组（技术组、安监组、物资组、综合组）工作组织情况

×××

二、×××抢险工作完成情况

（一）主要抢险任务及完成情况

（二）存在的主要困难

（从施工组织、施工技术两个方面进行分析）

（三）如何解决上述困难

×××

三、回顾分析应急工作中电网、设备、人员、物资等各方面现状

（一）结合深圳实际情况和岗位工作的思考。

（二）重点针对公司应急管理现状和存在的不足进行具体分析。

×××

四、应急工作下一步改进工作措施

针对公司应急管理现状和存在的不足，对应提出具体的改进工作措施。

图3-6 电网企业支援外单位灾后抢修复电工作总结（模板）